复旦光华青少年文库

力学与人类生活

王盛章　丁光宏　编著

复旦大学出版社

内 容 提 要

　　本书是一本面向中学生的关于科学知识和科学方法的普及读物,也可以作为力学学科入门的启蒙教材.为使具有初中数学和物理水平的读者能理解那些人类日常生活和人类建设重大工程中所遇到的力学问题,书中不作具体的、系统的理论推导,而是对这些生活小事和工程大事中所包含的一些力学原理进行定性的、深入浅出的介绍和分析,阐明力学的基本概念基本方法,从而引导读者从力学的视角观察世界,使读者初步了解力学这门既古老又朝气蓬勃、既有系统理论又在人类生活中有着广泛应用的学科的大致轮廓,理解力学学科对于人类了解世界、改造世界的重要作用.

　　全书共 7 章,内容包括:绪论,力与振动,力学——航空航天的基石,材料工程中的力学,生命、人类健康与力学,人类的生存环境与力学,能源工业的核心问题等.全书内容紧贴日常生活中的小事和近期社会生活中的一些重要事件,如美国的"911"事件,2008 年的汶川大地震,2011 年的日本东北大地震和海啸,以及碳纳米管等新材料,等等.资料大部分来源于不列颠大百科全书和中国大百科全书,小部分资料来源于报纸和网络等媒体.

前　言

　　复旦大学出版社准备出版一套面向中学生的科普图书,因为近10多年来我们一直在为复旦大学的本科生开设"力学与现代工程"这门公共选修课,并且出版了相关教材,所以出版社范仁梅编辑建议我们把原来的教材修改成一本面向具有初中数学和物理水平的读者的有关力学的科普教材.由于之前我们从来没有专门撰写过科普读物,因此感觉做这项工作颇有难度.

　　力学是一门应用基础学科,它研究自然界普遍存在的机械运动的普遍规律,是包括土木工程、机械工程、材料工程、海洋工程、环境工程、能源工程等在内的工程学科的基础.在21世纪全球经济发展中,力学同样扮演着重要角色.著名科学家钱学森曾指出:"展望21世纪,力学加计算机将成为工程设计的主要手段."

　　力学本身包括的范围非常广泛,如包括理论力学、材料力学、结构力学、断裂力学、水力学、空气动力学、生物力学、环境力学,等等,这些课程即使是力学类专业的大学学生也都要学习一年时间.因此,考虑到本书所面向的读者,我们避免引入有关力学的严格的逻辑推导和证明,而只是介绍有关课程的一些关键和重要的思想和方法,以培养读者的科学思维、提高读者的科学素养.我们采用介绍工程实例的方法,选择日常的生产和生活中的一些典型的、重要的或者重大的工程问题和热门话题,如新材料中的碳纳米管、环境保护中关于沙尘暴的监测、新型的载人航天器等,通过对这些工程实例的介绍,分析其中所包含的力学原理和方法,从而提高读者对生活中所蕴含的力学知识和工程问题所基于的力学原理的认知水平.

感谢复旦大学出版社范仁梅编辑在本书出版过程中给予的鼓励和帮助.由于时间和能力所限,书中的错误和不足之处请大家给予批评指正.

作者

2011 年 7 月 1 日于复旦光华楼

目　录

第一章

绪　　论

▶ §1.1　力学是怎样的一门学科

　　力学是研究力对物体作用的科学. 首先,它是所有自然科学的主要部分. 近代科学的发展发端于牛顿(Newton)对力学定律的阐明,牛顿在建立经典力学过程中创造的现代自然科学方法论不仅奠定了科学大厦的基础,而且始终贯穿着整个自然科学的研究,指导着各门自然科学的发展. 其次,力学又是众多应用科学特别是工程科学的基础,它是人类改造自然的工具. 当代许多重要工程技术,如:宇航工程、土木工程、机械工程、海洋工程、材料工程、能源工程等都是以力学为基础的,在这些工程中遇到的许多重大技术难题都是力学问题. 不仅如此,力学的定量建模方法还广泛应用到经济、金融和管理等其他领域. 因此,力学已从一门基础学科发展成以工程技术为背景的应用基础学科,当今几乎所有的工程技术领域都离不开力学,它已渗透到工程技术的各个领域.

　　力是力学中的最基本概念之一,它是使物体发生形变或产生加速度的外因. 物体受力的作用往往同时产生两种效应:一种是使物体发生形变,称为力的内效应;另一种是使物体运动状态发生改变,称为力的外效应. 当一个物体受到另一个物体的力的作用时,无论受力物体是否运动它都会发生形变,但在研究物体的运动时(如地球受万有引力作用围绕太阳运动)其形变通常可以忽略,也就是说不考虑力的内效应,这时受力物体称为刚体. 在我们的日常生活中天天都与力打交道,在汉语辞典中有关"力"的词条多达 700 多个,如:"力所能及"、"力透纸背"、"声嘶力竭"等. 但直到 1687 年牛顿才在他的《自然哲学的数学原理》中给出了力的严格科学定义. 在牛顿之前的经典力学中力只是一种方法论性质的工具,但牛顿提出的力是一种定量的概念,它代表刚体质量和加速度的乘积,这个正确概念的引进为物理学乃至整个自然科学奠定了理论基础. 在国际单位制中,力学家用 N(牛)作为力的单位符号,以纪念这位伟大的先驱. 使质量为 1 kg(千克)的物体产生 $1\,m/s^2$(米/秒^2)加速度所需要的力就为 1 N. 工程上,也常用 kgf(千克力)来作为力的单位,它表示 1 kg 物体所受的重力,一千克力约等于 9.8 N.

▶ §1.2 历史的启迪

一部力学发展史就是人类科学的诞生史. 从总的发展趋势来看,在牛顿运动定律建立以前,力学的研究主要是积累经验,并在理论和实验中不断修正力学概念. 从时间史上可分为两个时期:

(1) 古代:从远古到公元 5 世纪,人类对力的平衡和运动有了初步了解.

(2) 中世纪:从 6 世纪到 16 世纪,对力、运动以及它们之间的关系认识也有进展. 在这段时期内,中国的科学技术水平总体上处于世界领先地位,但力学的知识与概念大多融合在一些工程技术中,缺乏逻辑分析推理. 在中国的古代科技文献中有大量关于力、速度等的描述,但始终没有"加速度"概念的提炼,因此,在明末宋应星的《天工开物》之后,中国古代的经验力学也宣告终结.

在牛顿运动定律建立之后,力学的发展进入现代科学时期,主要有下面 4 个阶段:

从 17 世纪初到 18 世纪末,在伽利略(Galileo)建立的加速度概念的基础上,牛顿建立了经典力学并不断得到完善;

19 世纪,力学的各个分支建立,特别是在 1832 年和 1845 年纳维(Navier)和斯托克斯(Stokes)等提出了固体力学和流体力学的基本方程后,力学脱离物理学而成为一门独立学科;

从 1900 年到 1960 年,近代力学诞生,并与工程技术关系密切. 这段时期新的工程技术发展较快,原先主要靠经验的办法跟不上时代了,这就产生了应用力学这门学科. 但当时计算工具落后,解决具体工程问题主要靠实验验证;

1960 年以后是现代力学阶段,由于计算机技术的快速发展,使原来复杂的力学计算成为可能,用力学理论和数值模拟计算技术解决工程设计问题成为主要途径.

力学的发展史也是人类从经验技术上升到科学技术的发展史. 我们可从牛顿

建立万有引力定律的过程来看科学与经验的差别:

1609～1619 年,德国科学家开普勒(Kepler)用了 10 年时间将他的老师第谷(Tycho Brache) 30 年辛勤积累的天文观察数据总结成行星运动的 3 大定律,指出行星运动的轨迹是一椭圆,而太阳正是椭圆的一个焦点;

1638 年,意大利科学家伽利略总结出了惯性定律,指出自由落体的加速度与其重力成正比;

1659 年,荷兰科学家惠更斯(Huygens)给出动量与能量守恒的早期萌芽形式;

1661 年,英国科学家胡克(Hooke)等人提出星体之间相互吸引,提出引力的概念;

1673 年,惠更斯再次推导了引力大小与距离平方成反比关系;

1680 年以后,牛顿才对引力问题发生兴趣,但这时关于天体力学剩下的关键问题只有一个:如果行星在太阳引力作用下运动,并且假设引力与距离平方成反比,那么行星运动的轨迹应该是什么?

当时实验观测的结果是行星运动的轨迹为椭圆(开普勒定律),但是没人能回答为什么是椭圆.牛顿在数学上比别人略高一筹,他掌握了当时最先进的数学工具——微积分,他从数学上严格证明了在上述条件下行星运动的轨迹一定是椭圆,这与近百年的天文观察结果相吻合,并据此建立了万有引力定律,完善了经典力学的科学体系.

从牛顿建立万有引力定律的过程中我们发现,如果没有前人的工作,牛顿从一个苹果落地是绝对创造不出来万有引力定律的.而如果没有牛顿的系统理论总结,前人的工作包括开普勒的工作最多只能是经验,是技术,不是科学,也不会有万有引力的概念,或许也就没有当今人类引以自豪的航天航空事业了.牛顿的工作或许只是别人画龙他点睛,如果从工作量来讲,他远不如第谷的三十年如一日,也不如开普勒的十年磨一剑,他比胡克等人更晚懂得天体运行规律,甚至他当时在天体力学界或许只是一个小学生,但是,发现万有引力的殊荣非牛顿莫属,这就是科学发现的机遇,就是科学发现的规律.

 小贴士

苹果落地与万有引力

提起万有引力,人们会自然的想到牛顿,想到苹果落地和牛顿的故事:牛顿在 23 岁时,有一天看到一个苹果落到地上,开始深思其中的道理,最终发现了万有引力,为人类认识自然的过程作出了不可磨灭的贡献.但这一说法不一定完全符合历史事实,因为万有引力的确立,并非牛顿一个人的力量.胡克首先使用了"万有引力"这个词,1680年1月6日,胡克在给牛顿的一封信中,提出了引力与距离的平方成反比的猜测.1864年,胡克在和爱德蒙·哈雷(Edmoud Halley)、克里斯多夫·伦恩(Christopher Len)等人的一次聚会中,他又提出并推动了这一问题的研究.牛顿在胡克、哈雷的帮助下,并利用他掌握的当时最先进的数学工具微积分,证明了行星运动的轨迹是椭圆.在1687年,牛顿出版了他的名著《自然哲学的数学原理》,公布了他的研究成果.

第二章

力 与 振 动

我们生活在一个充满着振动的世界中. 当我们步入高雅的音乐厅时,流畅、悠扬的旋律给人以一种美的享受;而在遭受一场地动山摇的大地震后,家毁人亡,给人的是撕心裂肺的哀伤. 我们乘坐的汽车、火车和飞机在运行中都不停地振动;我们建造的楼房、桥梁甚至水坝受外界的干扰也会发生振动. 远眺浩瀚的宇宙,有电磁波在不停地发射、传播;近观家中的录音机、洗衣机、电冰箱乃至电动刮须刀,一旦它们启动后,就始终伴随着振动. 对人体来说,心脏的跳动、肺的呼吸、肌肉的收缩、脑电波的涨落等等,都是振动. 所以,振动现象比比皆是,对振动的研究领域广阔、意义深远.

那么什么是振动呢? 振动就是物体经过它的平衡位置所作的往复运动,或者某个物理量在其平衡值(平均值)附近的来回波动. 为了能精确地研究振动现象,科学家们定义了一些参量来描述振动的特性,例如,将一个振动量完成一次振动过程所需的时间称为周期(一般记为 T),而将周期的倒数称为频率(记为 f),它是表示单位时间内振动的次数,是反映振动快慢的参量,单位符号是 Hz (赫). 在振动中,振动量偏离平衡位置的最大值称作振幅,它是反映振动强度的量.

当我们研究的对象,比如苏州寒山寺的古钟(在力学中常称为系统),在受到外界的作用时,比如和尚用木棒敲击它(在力学中常称为激励),系统就会发生振动而产生声音输出(在力学中常称为响应). 振动力学主要就是研究系统、输入激励和输出响应之间的关系.

振动是力学最早研究的课题之一. 在我们身边发生的振动现象往往很复杂,为了弄清振动的本质,找到振动的主要矛盾,我们采用牛顿的还原论方法,从最简单的振动问题入手,逐步揭示振动的内在规律,并将之应用到科学研究和生产实践中.

§2.1　自由振动

先看一个简单的实验. 如图 2-1(a)所示,一根弹簧下面悬着一个质量为 m 的小球,如果弹簧的刚度为常数 k,建立如图所示的直角坐标系,平衡位置时小球的位置纵坐标 $y=0$. 如果将小球拖离平衡位置再放手,则小球将作上下往复振动. 这时,如果在小球上缚一根铅笔,就可以记录到如图 2-1(b)所示的振动曲线,这是一条振幅递减的正弦曲线.

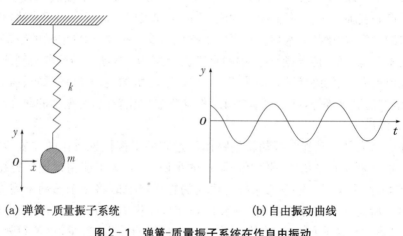

(a) 弹簧-质量振子系统　　　　　　　　(b) 自由振动曲线

图 2-1　弹簧-质量振子系统在作自由振动

2.1.1　无阻尼自由振动

对于一个弹簧-质量振子系统,如果我们忽略所有的阻力和弹簧质量等因素,只考虑小球受到的重力和弹簧弹力,当外力的初始作用消失后,系统所做的振动称为自由振动. 通过理论分析可以得知:小球的振幅将随着时间以余弦曲线的形式变化,如图 2-2 所示. 它的振幅与初始的外力大小有关,而振动的频率与外力的大小没有关系,而只和系统自身的特性,即和质量与弹簧的弹性系数等有关. 也就是说,对于自由振动的系统,外力作用的大小只会影响系统响应的振幅,不会影响响应的频率,响应的频率是由系统自身特性所决定的. 因此,在力学上把系统自由振动的频率称为系统的固有频率. 而工程上也常利用自由振动的固有频率的这种特性来判断系统及材料的特性.

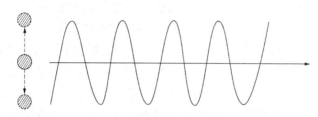

图 2-2　弹簧-质量振子的无阻尼自由振动规律

 小贴士

乘检员用小锤敲打列车车轮的原因

在火车站,我们经常可以看到列车乘检员用小锤敲打列车车轮等部位,目的就是通过由敲打车轮等部位引起振动所发出的声音来检测列车的关键部位是否有损伤.因为如果车轮轴上有细小的裂纹等损伤,用肉眼往往很难察觉,而用小锤一敲,则车轮轴系统将发生自由振动,其振动的频率与轮轴材料的弹性有关,材料有损伤或者有裂纹会使其弹性发生改变,这样其固有频率也将发生变化,听到的声音的频率就会跟正常时不同.用这种方法可以非常简单、高效地检查出很多隐患,从而使火车称为世界上最安全的交通工具之一.

弦乐弹奏时调音的原理

在弦乐器的演奏中,一根弦索产生的振动频率和弦的拉紧程度以及振动部分的弦长有关.所以,交响乐等音乐会在正式开始之前,音乐家们都要通过松紧琴弦来调整弦的张力以调节琴的基调,使演奏时乐器能发出准确频率的音乐.

2.1.2　有阻尼的自由振动

然而,当我们仔细观察图 2-1 所示的弹簧-小球的实验时会发现,随着时间的推移,小球的振幅会越来越小,最终停在平衡位置上.看来,实际的情况比之前的模型要复杂得多.实际上,由于空气的阻力和弹簧变形过程中的能量消耗,小球在运动过程中还会受到一个阻力,这个阻力的大小与运动速度成正比,其方向与速度相反,而且阻力的大小还与阻力系数或者阻尼有关.这时的小球的振动就变成了有阻尼的自由振动,而根据阻尼系数与系统固有频率的大小关系,将有阻尼的自由振动分成了 3 种情况:

(1) 当阻尼大于固有频率,称为过阻尼状态.在这种状态下,系统将不发生振

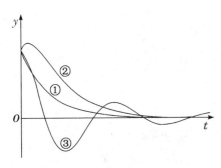

图2-3 有阻尼自由振动时的
3种不同振动曲线

动而直接以指数规律衰减到平衡位置,如图2-3中的曲线①所示.

（2）当阻尼等于固有频率,称为临界阻尼状态.在这种状态下系统也不发生振动,直接衰减到平衡位置,但是振幅衰减的曲线与过阻尼状态时不同,如图2-3中的曲线②所示.

（3）当阻尼小于固有频率,称为欠阻尼状态.在这种状态下,系统将发生振动,振幅会随着时间以指数规律衰减,振动频率也较固有频率小,直到停止到平衡位置,如图2-3中的曲线③所示.

由于阻尼可以使振动衰减,而且适当的阻尼还可以使振动很快消失,这为我们消除有害振动提供了有效途径.

 小贴士

家用电器的减振

家里使用的电冰箱压缩机和洗衣机电动机都不是直接用螺丝紧紧地固定在电机上的,在连接部位往往垫有弹簧垫圈和橡皮垫圈,以起到隔振的作用.

交响乐演奏中锣鼓的短促音

在交响乐演奏中,急促的大鼓声或铿锵的锣声往往给人以奋进的感觉.为了让鼓或锣发出与主旋律相应的急促声,鼓手或者锣手在敲击鼓或锣后,会马上用手捂住鼓（锣）面,这就是让鼓（锣）在受到激励发出第一声响后迅速增加阻尼,将随后的余音迅速衰减掉,使音乐更加清纯,以增加艺术感染力.

精密仪器的阻尼隔振

工程上许多机械设备,如精密机床,往往被固定在较重的混凝土基础之上,在基础与地面之间铺设一层弹性阻尼衬垫,以隔绝外界振动的干扰,如图2-4所示.

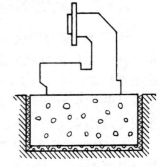

图2-4 精密机械的
阻尼隔振

§2.2 受迫振动和共振

上一节中我们分析了在外界激励作用迅速撤离后系统的自由振动情况.但在许多场合,如在开启着的冰箱、行驶的汽车等情况下,外界的激励源一直存在,那么这时的振动会有什么不一样呢?

2.2.1 受迫振动

如果对上一节弹簧-小球系统模型,如果在小球上作用一个周期性的外力,就获得一个受迫振动的系统.通过理论分析,我们会发现:该系统的振幅与时间无关,因此这个振动响应将伴随着激励一直存在.这个响应的振幅和系统的固有频率、阻尼、外界激励频率以及幅度都有关.在小阻尼情况下,当外界激励的频率接近系统的固有频率时,系统的响应振幅会急剧增加,此时受迫振动最为激烈,这就是我们熟知的共振.

2.2.2 共振

谈到共振人们往往会想到拿破仑军队过桥的例子,如果那时因为不知道共振的机理尚情有可原的话,那么近代工程上许多因共振造成的灾难性事故给我们留下的教训就显得非常深刻.1940 年美国西海岸华盛顿州建成了一座当时位居世界第三的 Tacoma 大桥,如图2-5 所示.大桥中央跨距为 853 m(米),为悬索桥结构,设计可以抗 60 m/s(米/秒)的大风.但不幸的是大桥刚建成 4 个月就在 19 m/s 的小风吹拂下整体塌毁,当时刚好有一个摄影队在大桥附近工作,摄下了大桥倒塌的全过程,我们选其中几幅示于图2-5 中.

后来分析 Tacoma 大桥遭风塌毁的原因就是气流与大桥的共振所引起的.图2-6所示是该桥的横截面示意,当风吹过大桥时,气流会在大桥的背风面产生漩涡,而在 19 m/s 风速时漩涡脱落的频率与悬索上桥板的固有频率刚好一致,再加上悬索桥的小阻尼,从而产生了强烈的共振.因此尽管桥塌毁的这天风并不是很大,但却吹垮了整座大桥.

共振对人类健康还会产生直接的危害.人体甚至人体的某个器官也是弹性-质量系统,因此它们也有自己的固有频率,一般在 3～30 Hz,比如人体心脏的固有频率为 20～40 Hz,胃为 4～8 Hz,大脑为 8～12 Hz.可以想象,如果外界有这些频

图 2-5 Tacoma 大桥在风载下塌毁的过程

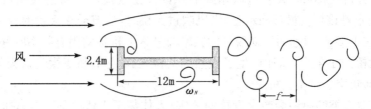

图 2-6 Tacoma 大桥的横截面与气流的旋涡脱落

率的振动源,我们人体一定会感到不舒服,事实上我们的周围就存在这些振动源,那就是次声.我们知道次声是频率为0.01～20 Hz的低频声波,这个频率范围与人体一些主要器官的固有频率处于同一频段,因此,它很容易引起人体重要器官的共振.因为人耳不能感觉到这个频率段的声波,我们的身体往往在不知不觉中遭到次声的损害,因此次声又被称为无声无息的杀手.

职业驾驶员往往容易患胃病,除了和他们的工作紧张有关外,车辆(特别是土路上开的拖拉机)的次声振动也是一个主要因素.

近年来科学家一方面积极开展次声对人体的健康损害的研究,以此来进一步完善劳动保护,另一方面又在大力开发战争需要的次声武器.1974年法国马赛的国家科学试验中心的科学家曾作过这样一个实验,他们发明了世界上第一个具有破坏力的次声发生器,这种用一台小型飞机发动机驱动的类似于大哨子的东西,吹出的次声波能伤及8 km(千米)以外被照射到的人.首次进行该实验的时候,周围被照射的人感到胃、心、肺等强烈不适,幸而及时关闭了发生器才没有发生意外事故,但这些人在几小时内仍没有恢复正常.想到强大的次声波会无声无息地钻进住房甚至坚固的地下掩体,笼罩在人们的四周一上一下地引起人的内脏共振,直至破裂,确实令人毛骨悚然.不过次声武器的研制还有许多技术问题尚待克服,比如如何让次声分清敌我友就是个很难的问题.

共振有这么多的坏作用,但了解了共振的原理后,我们不仅可以防止有害共振,而且可以利用共振的特性为人类服务.图2-7所示就是一种利用共振原理研制的火车秤.现代货运火车每节车厢可以装载60～100 t(吨)的矿石,它是陆地载重运输最有效的工具,但由于它太重,直接称量几乎不可能,这给精确计量带来许多麻烦.科学家们利用共振原理研制出如图2-7所示的装置,他们将火车开到一个平台上,在平台的下面安装一个激振器,在平台上安装一个测振器,激振器可以连续输出不同的频率振动,测振器可以感应到系统的响应.在小阻尼情况下,当系统振幅最大时激振器的频率就是系统的固有频率,固有频率主要和系统的质量及弹性有关,而系统的弹性是一定的,这样就可以计算出系统的质量,从而可以称出火车装运矿石的重量.

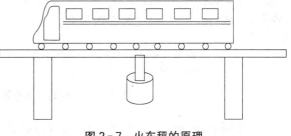

图 2-7 火车秤的原理

小贴士

晕车与次声波

人们的晕车晕船除了主要和身体体质有关之外,还和次声有关.有的人乘坐越高级的轿车反而晕得越厉害,其主要原因是高级轿车采取了很多措施控制振动,但却很难控制次声段的低频振动,这样,高级轿车次声频段振动的相对比例反而更大,易晕车的人乘坐后反应就特别大.

§2.3 有害振动的防范

在上一节中我们看到,振动有时对人类的危害是很大的,对这些有害振动我们应如何防范呢? 换句话说,我们如何应用这些振动知识来为我们的生活与工程服务呢? 下面来看几个工程中减振的例子.

2.3.1 汽车减震

当汽车在公路上行驶时,我们感觉是否舒服的一个重要指标是振动的大小.首先分析一下,一辆汽车可能有的振源:第一,发动机非均匀运动,或发动机与车体的共振;第二,路面不平,地面对车轮的作用.

对于第一个问题,就是要尽力消除这类振动.解决的方案有两种:一是提高发动机运转的平稳性,所以汽缸越多越好;二是检测车体的共振频率,调整发动机转速,避开共振区.

车体共振频率检测是振动工程中一项重要的技术,它是应用已知激励与响应来获得系统特性,我们称之为系统识别,如图 2-8 所示.

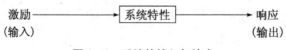

图 2-8　系统的输入与输出

在工程中,激励通常由一个叫激振器的振源产生,一般它产生振动的频率是可调节的.在系统的某些敏感部位,安装一些位移或加速度传感器能检测与观察这些地方的振动情况.应用这个方法,可找出车体的各种固有频率,找到车体不同部位的振动情况,经综合分析后,最终选择一组最佳设计参数.由于计算机的发展,这部分也可在设计前由计算机计算出各种共振频率,称为模态分析.

对于第二个问题,只要车在不平坦的道路上行驶,这种振动就难以避免,因此只能采用隔振,即让道路上的振动尽量不要传到车体上来,使车身的运动幅度最小,并尽量避开一些使人体敏感的频率,这就需要建立相应的模型并采用相应的方法.现在采用的常规手段是选择合适的隔振弹簧与阻尼器.通常的方法如下:

(1) 了解振源情况.除了了解车体的振动情况外,主要要掌握各种不同路面的路况谱,这可通过实地检测而获得.由于各个国家的道路建设标准不一样,因此要开发适合一个国家的高级轿车必须掌握这个国家的路况谱.

(2) 根据路况谱可计算出车在行驶过程中所受到的作用力 F,并根据车体模型通过计算选出阻尼 β 与弹性系数(又称劲度系数)k.由于 F 很复杂,可能有多种频率或方向的成分,因此,可能要用多个 β 与 k.

(3) 实验检测验证.将整辆汽车开到激振台上,激振台由计算机控制,产生与实测路况相近的振源,以检测车体的振动情况并对理论结果进行修正.

2.3.2 船舶的稳定

当初达尔文乘坐"贝格尔"号作环球旅行时,他在船上的 5 年(1831～1836 年)基本上是呕吐的 5 年.如今我们要乘游轮周游世界时,就不会有这种麻烦,因为当时的船几乎没有什么防振措施,而现在却不同了.

一艘航行在大海或内河上的船只,只要发动机工作,总会引起不同程度的振动,轻微的振动是允许的,也是不可避免的.但如果干扰力过大或引起共振,则会产生剧烈的振动.这不仅会影响旅客和船员的休息与工作甚至健康,而且将引起船体局部结构或构件的破坏及设备的损伤,影响正常营运,特别是对一些豪华游轮,振动控制与否至关重要.

对已建成的船舶,若发现严重的振动问题,要彻底根治一般是很困难的,而且要花相当大的代价.为了防患于未然,要求在设计阶段就进行必要的动力计算,并采用适当的防治措施.如果设计时没有仔细考虑到振动问题,建造的船极容易成为废品,这种例子在国内外造船史上有很多.解决船在航行中产生振动问题的方法首先是分析振源.振源主要有两个来源:一是由船上柴油机和螺旋桨运动产生的;另一是海浪的作用(主要是海轮).解决措施是先防止共振,通过船体共振频率计算与测试掌握船体振动特性,再通过改变船体重量分布和螺旋桨转速等来避开共振频率峰.其次是减轻局部强迫振动,一般通过对柴油机进行隔振、增加局部阻

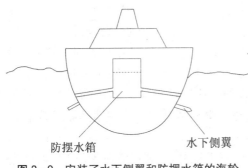

防摆水箱   水下侧翼

图 2-9　安装了水下侧翼和防摆水箱的海轮

尼和安装消振器等来实现.第三,进行抵抗海浪冲击设计,如安装夫拉姆防摇摆水箱和安装横向水下侧翼等,如图 2-9 所示.近年来随着微电子技术的发展,可以通过实时监测海浪的作用特性并及时变化侧翼方向和形状来抵消海浪振动,这种主动避振的方法在实际应用中取得了很好的效果,是未来抵御海浪振动的发展方向.

2.3.3　超高层建筑中的风阻尼器

超高层建筑不但可以节省土地,而且可以成为一个城市的标志和象征,具有非常高的经济价值和社会价值.近几年,亚洲很多国家和地区争相建造了多个超高层的建筑.为了大幅度降低超高层建筑物由于强风引起的摇晃,为客户提供更为舒适的使用环境,建筑设计者想了各种办法,其中最有效的就是在超高层建筑的顶部安装风阻尼器.我国台湾台北 101 大厦和上海环球金融中心都安装了风阻尼器(如图 2-10 所示).

图 2-10　台北 101 大厦(左)和其安装的风阻尼器(右)

台北 101 大厦在大楼上安装了一个重达 600 t 的金属球作为阻尼器,它巧妙地解决了摇晃问题.这个大金属球就像一个摆锤,从 92 楼悬挂下来,作为大楼吸收风力的装置.强风出现时阻尼器会摆动,大楼其他部分就可以保持稳定.

上海环球金融中心在 90 层 395 m 的位置安装了两台风阻尼器.该装置使用传感器探测强风时建筑物的摇晃强度,通过计算机控制装置内部用钢索悬吊的重约 150 t 的锥子状配重物体的动作,可以降低 40% 左右的风力作用,该装置可以使大楼抵抗 12 级台风,即使遭受强风袭击,大楼内部的人员基本上感觉不到该大楼的摇晃,提高了使用的舒适度.

§2.4 地震与海啸

地震是对人类危害最大的灾害性振动.地震主要有 3 大类:第一类是构造性地震,主要是由于地壳运动引起的;第二类是火山地震,主要是由于火山喷发出的岩浆的流动引起的;第三类是塌陷性地震,主要是由于地球内部的洞穴塌陷引起的.在这 3 类地震中,以构造性地震对人类的危害最大,影响区域最广.而海啸是由震源在海底下 50 km 以内、里氏震级 6.5 以上的海底地震引起的一种灾害性的海浪.

据统计,全世界每年平均要发生 500 万次以上的地震,但仅有 20 次左右的大地震会造成强烈破坏,次数虽然不多,但造成人员伤亡和破坏作用却非常惊人.绝大多数地震都发生在环太平洋地震带和地中海—喜马拉雅地震带上.近 100 年来比较著名的大地震有:1923 年 9 月 1 日,日本东京横滨发生了有近 10 万人死亡并伴有破坏性火灾的关东大地震.1976 年 7 月 28 日凌晨,发生在我国唐山市的大地震造成 24.2 万人死亡,16.4 万余人重伤,百万人口的唐山市被夷为平地,这也是人类有记录以来伤亡人数最多的一次大震灾.2004 年 12 月 26 日,由印度尼西亚所属的印度洋海域发生的里氏 8.9 级地震引发的海啸,使印度洋沿岸包括印度尼西亚、泰国、印度、斯里兰卡等 11 个国家的 20 多万人丧生或失踪,这可能是近 200 年来造成死伤最惨痛的一次海啸.2008 年 5 月 12 日,震中在我国四川省汶川县的 8.0 级地震(见图 2-11),造成近 10 万多人死亡或失踪,近 4 万人受伤.全国除黑龙江、吉林、新疆外均有不同程度的震感,甚至泰国首都曼谷,越南首都河内,菲律宾、日本等地均有震感.2011 年 3 月 11 日,在日本东北部海域发生了里氏 9.0 级地震,并引发了海啸,造成近 3 万人死亡或者失踪的重大灾害.地震引发的海啸使日本福岛第一核电的 1~4 号机组受到破坏,从而导致发生了核泄漏事故.

图 2-11 汶川地震后的北川中学(左)和东日本大地震中海啸破坏后的场景

2.4.1 构造性地震与地震波

科学家们对这种地震形成的原因尚不是十分清楚,但对构造性地震起源于地壳断层已基本达成共识.由于地球内部的运动,使得地壳发生相对运动,这些运动产生的应力将使岩层发生弯曲褶叠,高山就是在这样的应力作用下形成的.然而,当这种应力达到此岩层的破坏应力(见第四章)时,岩层将发生突然破裂或爆炸,如图 2-12所示,地球内部强大的应力与能量在这点上释放,这点因此被称为震源.震源处强大能量的释放,将引起周围地质的强烈振动,这个振动又以弹性波(亦称地震波)的形式在地球内部与表面传播,从而发生了波及范围很广的地震.这种地震波携带大量能量,引起地动山摇,摧毁地面上的建筑物,造成严重的地震灾害,如果释放的能量足够大,设置在全世界的地震台站都可以记录到地震波.

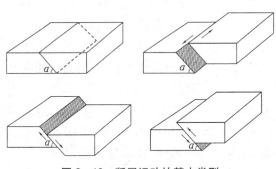

图 2-12 断层运动的基本类型

地震波按传播方式分为 3 种类型:纵波、横波和面波.如图 2-13 所示,纵波是推进波,地壳中传播速度为 $5.5\sim7$ km/s,最先到达震中,又称为 P 波,它使地面发生上下振动,破坏性较弱.横波是剪切波,在地壳中的传播速度为 $3.2\sim4.0$ km/s,第二个到达震中,又称为 S 波,它使地面发生前后、左右抖动,破坏性较强.面波又称为 L 波,是由纵波与横波在地表相遇后激发产生的混合波,其波长大、振幅强,只能沿地表面传播,是造成建筑物强烈破坏的主要因素.

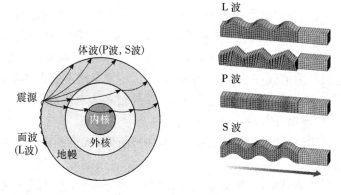

图 2-13 地震波示意图

2.4.2 地震参数的测定

地震是一个很复杂的运动过程,为了准确地分析地震,需要对地震建立一套精确的描述方法与参数.

1. 震源参数

地震震源主要由下面参数所决定:

(1) 震源位置:震中的地面投影坐标;震源深度等.

(2) 地震发生的时刻,或称地震零时.

(3) 地震的震级或震波能量.

2. 震级与能量

地震释放的能量是描述地震强弱的一个重要指标,但一次地震过程中释放的能量很难测量与计算,现在广泛使用的是 20 世纪 30 年代由美国地震学家里克特(Richter)引入的震级概念,即我们所熟悉的里氏震级.

震级是震源参数,它是表征地震自身特性的一个参数,它和地震引起的破坏程度、伤亡人数,乃至经济损失没有相关性.因为地震损失最大的地方往往在城市,而同一次地震,距震源距离不同的城市遭受到的破坏程度可能完全不一样,因此,要引入另外一个反映地震破坏程度的参数——烈度.

3. 烈度

烈度不是震源参数,如果说震级是通过测量并计算出来的,那么烈度是评估出来的,鉴定它的根据是地震的直接效应,如地震对建筑物和地形等的效应,即所谓的宏观地震效应.每次地震时,震级在一定的误差范围内是确定的,而烈度是随观测点的位置发生变化的.显然,震中区烈度最大,而由震中区向外的各个方向烈度将减小.

烈度的鉴定往往通过专家对地震现场进行考察调查,然后综合评定的,因此在烈度的评定以及评定标准上,各国都存有差异.目前国际上通用的 MSK 烈度表将地震裂度分为 12 级,用度来表示,分别用罗马符号标出,现摘录其中几级如下:

Ⅱ度,勉强可感地震:个别在室内休息的人,特别是楼上的人感觉到振动.

Ⅴ度,熟睡中惊醒:室内的人感到振动,室外很多人有震感.悬挂物强烈摇动,盛满液体的开口容器外有少量液体溅出.

Ⅷ度,建筑物破坏,人们惊慌失措,个别树枝折断,沉重的家具发生移动,有些枯干的井复而涌水.

Ⅹ度,房屋普遍破坏,铁轨轻微弯曲,地表下普遍破裂,沥青路面成波浪形.

Ⅺ度,灾难:良好的建筑物、桥梁、水坝和铁路也受到严重破坏,公路不能通行,地下普遍被破坏.

Ⅻ度,地貌发生根本改变,地面上出现宽大的裂缝,河流改道,石崩和河流大面积滑动.

由此可见,地震烈度越高,破坏程度越严重.

2.4.3　海啸与浅水效应

海啸主要是由较强烈地震引起的一种灾难性的海浪.但是,水下或沿岸山崩或火山爆发也可能引起海啸.在一次震动之后,震荡波在海面上以不断扩大的圆圈,传播到很远的距离,就像卵石掉进浅池里产生的波一样.水下地震、火山爆发或水下塌陷和滑坡等激起的巨浪,在涌向海湾内和海港时所形成的破坏性的大浪也称为海啸.破坏性的地震海啸,只有在出现垂直断层、里氏震级大于 6.5 级的条件下才能发生.当海底地震导致海底变形时,变形地区附近的水体产生巨大波动,海啸就产生了.海啸的传播速度与它移行的水深成正比.在太平洋,海啸的传播速度一般为每小时两三百千米到 1 000 多千米.海啸不会在深海大洋上造成灾害,正在航行的船只甚至很难察觉这种波动.海啸发生时,越在外海越安全.一旦海啸进入大陆架,由于深度急剧变浅,波高骤增(见图 2 - 14),可达 20～30 m,这种巨浪可带来毁灭性灾害.

图 2 - 14　海啸时产生的巨大水墙

2.4.4 海啸的预警

海啸预警的物理基础在于地震波传播速度比海啸的传播速度快. 地震纵波即 P 波的传播速度约为 6~7 km/s, 比海啸的传播速度要快 20~30 倍, 所以在远处, 地震波要比海啸早到达数十分钟乃至数小时, 具体数值取决于震中距(地面上任何一点到震中的直线距离)和地震波与海啸的传播速度. 如能利用地震波传播速度与海啸传播速度的差别造成的时间差分析地震波资料, 快速地、准确地测定出地震参数, 并与预先布设在可能产生海啸的海域中的压强计(不但应当有布设在海面上的压强计, 更应当有安置在海底的压强计)的记录相配合, 就有可能作出该地震是否激发了海啸、海啸的规模有多大的判断. 然后, 根据实测水深图、海底地形图及可能遭受海啸袭击的海岸地区的地形地貌特征等相关资料, 模拟计算海啸到达海岸的时间及强度, 运用诸如卫星、遥感、干涉卫星孔径雷达等空间技术监测海啸在海域中传播的进程, 采用现代信息技术将海啸预警信息及时传送给可能遭受海啸袭击的沿海地区的居民, 并在可能遭受海啸袭击的沿海地区, 开展有关预防和减轻海啸灾害的科技知识的宣传、教育、普及以及应对海啸灾害的训练和演习. 这样, 就有希望在海啸袭击时, 拯救成千上万的生命和避免大量的财产损失.

 小贴士

海啸来袭之前的海潮

海啸来袭之前, 海潮为什么先是突然退到离沙滩很远的地方, 一段时间之后海水才重新上涨?

大多数情况下, 出现海面下落的现象都是因为海啸冲击波的波谷先抵达海岸. 波谷就是波浪中最低的部分, 它如果先登陆, 海面势必下降. 同时, 海啸冲击波不同于一般的海浪, 其波长很大, 因此波谷登陆后, 要隔开相当一段时间, 波峰才能抵达.

第三章

力学——航天航空的基石

§3.1 从运动中采集活力:流体动力学

我们或许都有这样的生活经验:当站在奔驰的列车旁边时,就会感到一股"吸力"把人吸向列车;而当列车停止时,你就是再靠近,也不会有这种感觉. 当我们在江河中游泳时,如果游近航行着的船,就很容易被船"吸"入船底,船的速度越快,这种"吸力"越大,而在静止的船旁却不会有这种现象. 这些现象表明,静止的流体与运动的流体有着不同的规律,探索这些规律,并将它们应用到人类改造自然的活动中,就成为流体力学这门学科的主要任务.

我们知道,如果在静止的流体中放入一个小木块,小木块的四周都将受到水的压力,这个压力与深度及流体密度成正比,这样小木块底面受到的压力要大于顶面的压力,两者的压力差就是小木块所受到的浮力. 在运动流体中,物体表面也要受到水的压力,但由于物体(或流体)在运动,所以,压力就要比静止流体中的情况复杂. 瑞士科学家,丹尼尔·伯努利(Daniel Bernoulli)于 1738 年提出了流体力学的一个重要定理,称为伯努利定理,又称为伯努利方程,它认为在理想流体的定常流动中,流体的压力 p,流体的运动速度 v,流体的密度 ρ 和流体的位置 H,满足下列关系式:

$$p + \frac{1}{2}\rho v^2 + \rho g H = 常数.$$

这个公式告诉我们,如果流体水平流动,重力势能无变化,那么流体的压力将随流动速度降低而增高. 对静止的流体,$v=0$,那么伯努利方程就化为流体静压力公式. 伯努利是在研究排水容器系统流体运动规律时,应用能量守恒原理并经过大量实验验证得到了流体运动过程中的上述压力与速度的关系式.近代流体力学研究证明伯努利定理只是流体在一定特殊情况下才满足的运动规律,但是作为流体力学的一个重要公式它在水利、机械、航天航空等工程领域被广泛应用,我们还可以应用它解释许多身边的诸如运动着的火车产生吸引力等流体力学现象.

例1 运动着的轮船或火车旁为什么会有吸引力?

当轮船或火车在水或空气中运动时,由于水和空气都具有黏滞性,因此轮船周围的水或者周围的空气会随运动物体一起向前运动,而且越靠近物体的流体其运动速度越快.如图3-1所示,图中点 A 的流速要比点 B 处的大,即 $v_A > v_B$,根据伯努利定理,沿同一条流线上的总能量守恒,而 A' 和 B' 两点的总能量相等,所以 A 和 B 两点的总能量也相等,即

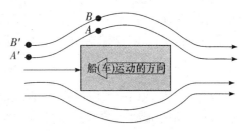

图 3-1 运动的轮船(或火车)带动
周围的水(或空气)运动

$$p_A + \frac{1}{2}\rho v_A^2 = p_B + \frac{1}{2}\rho v_B^2.$$

因为 $v_A > v_B$,所以 $p_A < p_B$,所以在船体的周围产生一个指向船体的压力差,正是这个压力差形成了对人或物体的吸引力.

例2 对付强劲的台风为什么要关窗?

在我国东南沿海地区,每年夏秋季节常刮台风,肆虐的台风常常卷起大树,掀走屋顶,给我们带来灾难.而在台风到来时,沿海地区的居民都有个经验:台风到来时一定要关窗,这样可以减少台风掀顶的危险.伯努利定理可以告诉我们这是为什么.

如图3-2所示,在台风刮来时,如果紧闭门窗,那么风对墙面有一个推力,假设速度为 v 的风吹到墙面时速度降为零,根据伯努利定理,可计算出这个推力为

$$F_1 = p \cdot S = \rho v^2 \cdot \frac{S}{2},$$

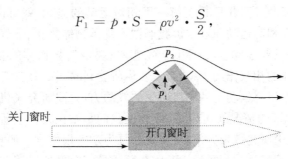

图 3-2 台风气流绕过房屋时的情况

其中，S 为房屋的迎风面积，ρ 为空气密度. 对八级台风而言，地面风速 $v \approx 5 \text{ m/s}$. 如果房屋迎风面积为 20 m^2（平方米），则

$$F_1 = 1.28 \times 25 \times 20/2 = 320(\text{N}) \approx 32(\text{kgf}),$$

墙面承受几十千克的推力一般是没问题的. 但当打开门窗时，空气穿过房屋，同时由于屋顶的隆起形状使得屋顶上的空气要加快速度绕过. 此时，虽然台风对墙的推力减小了，但由于屋顶内外空气的流动速度不一样，外面速度快，里面速度慢，因此就在屋顶上产生了一个压差力，而且这个力的方向是向上的. 假如，屋外风速是屋内风速的 3 倍，则作用在屋顶上（假设迎风面积还是 S）的向上举力为

$$F_2 = (p_1 - p_2) \times S = 1.28 \times (v_2^2 - v_1^2) \times 20/2 \approx 256(\text{kgf}),$$

足以将一般砖木结构的屋顶掀掉. 因此，台风来时大家还是关紧门窗为好. 不过现代城市的钢筋混凝土建筑抵抗这点力绰绰有余，但对砖木结构的房屋可要格外注意.

例3　龙卷风来了为什么又要赶紧开门窗？

龙卷风被人们称为大自然最狂暴的风，它的风速最高可达到 500 km/h（千米/小时），它的破坏力极大. 全世界 90% 的龙卷风发生在美国，其中绝大多数在中西部. 龙卷风是一种旋转风，当中是一个大漩涡，空气在其中快速旋转，由于速度很快，因此，根据伯努利定理，其中心的压力极低，这样，如果龙卷风经过某个建筑物时，就会在建筑物四周产生一个瞬时的超低气压，此时如果门窗紧闭的话，则因为屋内的空气不能迅速流向屋外，就产生了一个屋内压力相对屋外突然升高的过程，这极易将屋子从内部炸开. 而在龙卷风到来时，迅即打开门窗，让屋内外空气迅速交流，则房屋的损失就要小一些. 1974 年 4 月在美国俄亥俄州的艾克塞尼亚发生一次大的龙卷风，当地有位查尔斯·斯坦福先生，他将家中门窗全部砸开. 旋风过后，他家的房子是那个街区唯一一幢没有倒塌的房子.

例4　飞机为什么能够飞起来？

了解了伯努利定理，我们再了解一下相对运动的概念，就可以理解飞机为什么可以飞起来了. 相对运动原理告诉我们："不管是物体静止、空气运动，还是空气静止、物体运动，只要运动速度远小于光速，只要空气与物体的相对运动速度相同，则物体和气体的相互作用力，或者说物体所受到的气动力是完全一样的."

这样，如果要研究运动着的飞机所受的气动力，只要研究飞机不动，而空气以飞行速度迎面吹来的情况就可以了. 或者说我们是站在飞机上研究问题. 这个原理不但为我们理论研究带来方便，更重要的是力学家根据这一原理建立了研究气动力学的重要实验工具——风洞. 图 3-3 所示是一台低速风洞和其原理结构图，

图中箭头表示风的流向. 风洞内风速是可以调节控制的, 将试验物体如飞机模型乃至真实飞机放入风洞的试验段时让气流流过物体, 改变不同情况, 如气流速度和物体迎风角度等, 观察与测量物体所受到的压力分布和其气动特性. 应用风洞可在流动条件容易控制的前提下, 重复地经济地取得实验数据. 风洞的种类繁多, 一般根据其试验段的气流速度大小分为低速、高速和高超音速风洞.

(a) 实景

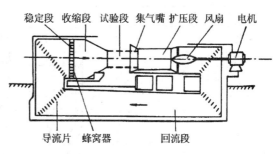

(b) 结构示意

图 3-3 低速风洞和其原理结构

为了让飞机飞起来, 我们只要设法在机翼上利用气流的速度差产生向上的气动压力差就可以了. 我们可以将机翼制作成如图 3-4 所示的形状, 上面凸, 下面凹或平, 这样空气在吹过这样形状的机翼表面时, 由于上表面空气走的路要比下表面的长, 因此上表面的空气速度要比下表面的快. 根据伯努利定理, 将产生一个向上的压力差, 这个压力差称为飞机的升力, 就是这个力将飞机送上天空的. 例如, 目前世界上较大的民用客机"波音 747"的巡航速度约为 250 m/s, 机翼面积约为 500 m², 只要在机翼上下面产生 22 m/s 的速度差, 根据伯努利定理可计算出升力为

$$0.5 \times 1.28 \times (250 + 22 + 250) \times (22) \times 500 \approx 3\,674(\text{kN}) \approx 367(\text{kkgf}).$$

这足以举起自重为 180 t、载重达 66 t 的波音 747 客机.

图 3-4 飞机机翼的横截面和流场

例5 怎样应用伯努利定理测量流体的运动速度?

在流体力学研究中,力学参量的精确测量是一项很重要的任务. 在现代电子技术发明以前,压力的测量用的是大家熟知的水银柱和 U 型管,这种方法在现代的流体测量中还经常用到,如医院用的血压计和实验室中的气压计等. 但流速的测量相对来说就比较困难,应用伯努利定理可以设计一种简单的测量流速仪器,这就是皮托(Pitot)静压管. 如图 3-5 所示,老式飞机机头的一根长杆就是皮托管,是用来测量飞行速度的. 它由内外两层套管组成,头部有一个小孔 B 与内管相连,头部附近的侧面有一个或多个小孔 A 与外套管相通,两根管的另一头与一个 U 型管的两端相连,U 型管中装有水银等液体. 如果将此仪器的头部(点 B)对准流体的来流方向,当管内流体达到平衡时,根据伯努利定理和流体静力学公式,有

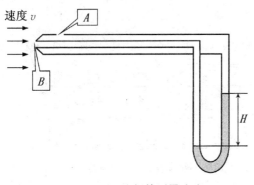

图 3-5　利用皮托管测量流速

$$p_A + \frac{1}{2}\rho v_A^2 = p_B + \frac{1}{2}\rho v_B^2,$$

$$p_B - p_A = \rho_s g H,$$

其中,ρ 和 ρ_s 分别为流体和 U 型管中液体的密度,$v_A = v$, $v_B = 0$, H 为 U 型管中液面的高度差,从中计算出流速 v 为

$$v = \sqrt{\frac{2\rho_s g H}{\rho}}.$$

 小贴士

足球"香蕉球"的原理

让我们先看看图 3-6,图中带有箭头的线表示流线,流线越稠密表示速度越大. 图 3-6(a)表示足球在没有旋转下水平运动的情形,当足球向前运动,空气就相对于足球向后运动. 图 3-6(b)表示足球只有旋转而没有水平运动的情形,当足球转动时,因为空气具有黏性,所以球四周的空气会被足球带动,形成旋风式的流动. 图 3-6(c)表示水平运动和旋转两种运动同时存在的情形,也即是"香蕉球"的

情形. 这时候, 足球左面空气流动的速度较右面的大. 根据流体力学的伯努利方程, 流体速度较大的地方气压会较低, 因此足球左面的气压较右面的低, 产生了一个向左的力, 结果就造成了球在向前运动的过程中发生向左的偏转.

  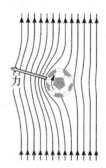

(a) 没有旋转的水平运动　(b) 只有旋转没有水平方向的运动　(c) 同时有旋转和水平方向的运动

图 3-6　足球"香蕉球"原理示意

§3.2　空气动力学是飞机飞得又快又稳的保证

物体与空气作相对运动时作用在物体上的力, 称为空气动力, 简称气动力. 空气动力学主要研究飞行器(或其他物体)在同空气(或其他气体)作相对运动情况下的受力特性、气体的流动规律和伴随发生的物理化学变化等. 它是在流体力学的基础上随着航天航空工业和喷气推进技术的发展而成长起来的一个学科.

3.2.1　升力

在上一节中我们看到, 根据伯努利定理可定性地推测机翼上受到一个升力. 机翼周围空气流团运动的轨迹在流体力学中称为流场, 实际上机翼上的流场及压力分布如图 3-7 所示, 其合力如图 3-8 所示.

我们将图 3-8 中机翼所受到的合力在垂直与水平运动方向上分解. 垂直方向的力就是机翼的升力, 水平方向的力就是飞机飞行过程中遇到的阻力. 根据伯努利定理, 我们知道这个合力是由于飞机机翼上下翼面空气流场运动不对称(上面流速快, 下面流速慢)而产生的. 如果我们改变机翼的形状或者改变机翼与气流的角度(称为攻角), 那么作用在机翼上的升力将会发生变化. 一般地, 当机翼水平

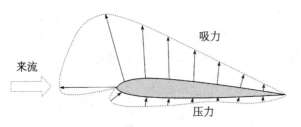

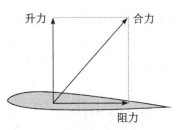

图 3-7　机翼上的空气压力分布　　　图 3-8　机翼上所受到的空气
　　　　　　　　　　　　　　　　　　　　　　　升力与阻力

时,升力比较小,而当机头逐渐抬起,机翼与来流的攻角逐渐增大时,机翼上表面气流速度加快,飞机升力会逐渐增大.但这种增大不是无限制的,当大于某一角度时,流场会发生突变,飞机的升力也会突然下降,这就是我们常提到的飞机失速.

在力学的研究中,为了能揭示一些物理本质,也为了便于进行力学模型实验,常引进一些特殊的无量纲参数,这一过程又称为无量纲化.在研究机翼升力时,常用升力系数 C_p 来代替升力 p,升力系数定义为

$$C_p = \frac{p}{\frac{1}{2}\rho v_\infty^2},$$

其中 v_∞ 为离机翼较远处的空气来流速度或飞机相对于静止空气的飞行速度. C_p 是一个没有物理单位的量,即无量纲的量,它在力学研究中给我们带来许多方便.力学中有许多无量纲量,以后我们还会接触到.一般地,飞机攻角与升力系数 C_p 有如图 3-9 所示的关系.图中横坐标是飞机机翼的攻角,纵坐标是升力系数.从图中可以看出,机翼的升力系数在一定的流速范围内主要和攻角大小有关.随着攻角的增大,升力系数会逐渐增大,但当攻角大到一定的时候升力系数会急剧下降.

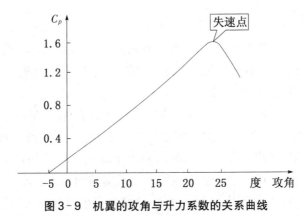

图 3-9　机翼的攻角与升力系数的关系曲线

在开汽车时,如果我们要让汽车开得快,只要加大油门就可以了.而飞机在飞行时,如果我们希望在同一高度加快飞行速度,仅仅加大油门还不行,因为加大油门以后,飞机速度加快,即 v_∞ 会增大.此时,虽然升力系数 C_p 不变,但作用在飞机上的升力 p 会增大,这样飞机就会往上飘,因此,如果我们要保持飞行高度不变,就只能靠减小飞行攻角来减小 C_p,以抵消由于 v_∞ 增加而引起的 p 增大.反之,在减速时,为了保持一定的升力,不至于飞机掉下来,须增大飞机攻角,提高升力系数 C_p,以提高飞机的升力.飞机在降落时,飞行速度比较低,为了保证一定的升力,飞机也总是翘起头,并尽量作逆风降落.一些大型民航客机在降落时,为了减小滑行距离,通常还会采用改变机翼形状来增加升力,这就是放下机翼后的襟翼,如图 3-10 所示.图 3-11 显示了不同攻角时的流场,图 3-12 显示了零攻角时襟翼放下前后的流场.

图 3-10 主机翼后的襟翼(在降落时放下)

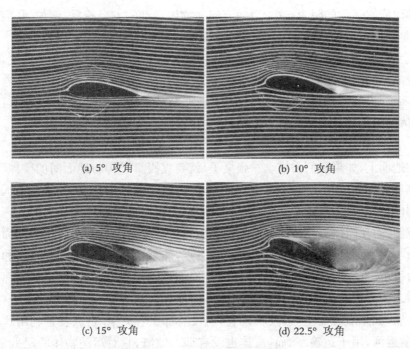

(a) 5° 攻角

(b) 10° 攻角

(c) 15° 攻角

(d) 22.5° 攻角

图 3-11 不同攻角时的流场

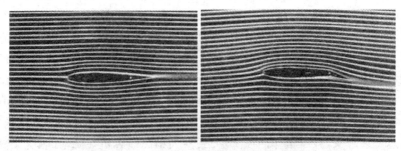

图 3-12   零攻角时襟翼放下前后的流场

3.2.2   阻力

上面我们讨论了升力的问题. 实际上,在流体中运动的物体,如果形状不对称,基本上都会受到一个和运动方向垂直的力. 但在受到这个力的同时,它还会受到流体阻碍它运动的阻力,这个力的方向和物体运动的方向相反. 例如,我们坐火车时,将手伸出窗外,你的手就会感到空气对手掌有作用力. 如果你将手掌水平朝下,你会感到一股来自前方空气的推力;如果将手掌与水平线保持一个角度,那你在感受向后的阻力的同时,还会感受到一种升力;同样,如果将手掌垂直迎着水平来流,那感受到的阻力将更大,而升力则很小. 从这个小小的生活常识我们可以看出,流体的阻力要比固体来得更复杂,更变化多端.

1. 黏性阻力

在地面上,如果我们去推动一张桌子,就要克服桌子脚与地面间的摩擦阻力. 当物体静止时这个阻力比较大,而当物体运动时反而稍小一点,并且在很大的速度范围内,这个阻力与速度无关. 这样,摩擦阻力在固体与固体的界面上处理起来比较方便,而在固体与流体的界面上情况相对比较复杂. 比如,在静止的湖面上停着一条小船,我们只要用竹竿向岸上轻轻一点,船就会荡开,这说明此时船和水间的阻力很小. 事实上,因为流体静止的时候不能承受切应力,所以静止在湖面上的船与水之间是没有阻力的. 这点和固体与固体界面间的静止摩擦力大不一样,同是一条船,如果放在岸上,若要移动它,就没有那么容易了. 古人就是利用这个原理,开凿运河,用于运输. 然而,流体也没有那么慷慨,它对运动物体的阻力是"不动没有,动起来就有;动得越快,阻力越大". 在低速时,流体对物体的阻力往往和物体运动速度成正比,而当达到一定的速度时,阻力将和速度的平方成正比,等等.

飞行中受到的阻力也是一种气动力,它和远前方的气流动压($\rho v_\infty^2 / 2$)成正比,也和物体的表面积成正比,在高空飞行时,由于空气密度变小,摩擦阻力也相应地变小. 那么阻力是否永远和速度成这种比例关系呢? 要了解这些规律,第一步只能靠实验. 例如,对两个大小质地相同,但一个表面光滑、另一个表面粗糙的小球,放在风洞中测量它们在不同的风速 V 下遇到的空气阻力 f,我们发现有如图 3-13 所示的规律:当流速较小时($O \sim A$),光滑球遇到的阻力要小于粗糙球. 而在某一速度范围($A \sim B$)内,光滑球比粗糙球遇到的阻力反而高,在一定的速度下,这个数值要差许多,最大可达到 5 倍之多. 如果流速进一步增加,高于点 B 以后,光滑球比粗糙球遇到的阻力又要小. 这种阻力与运动速度相关是流体运动中特有的现象. 同时也意味着,除了摩擦阻力外流体中还存在着另外的阻力.

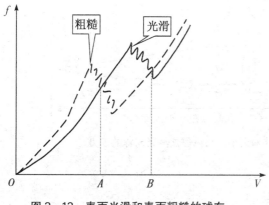

图 3-13 表面光滑和表面粗糙的球在
不同的风速下所受到的阻力

图 3-14 高尔夫球表面
布满了窝纹

所以,现在的高尔夫球都是有窝纹的(见图 3-14),这样在职业球手到门外汉所能打出的所有速度范围内,窝纹球都有较小的阻力. 实际中,对光滑球,一般一棒只能打 50 码(45 m). 而对窝纹球,一棒可打到 230 码(210 m).

2. 压差阻力

风洞实验表明,图 3-15 中所示的物体虽然形状和大小都相差很多,但在低速情况下,对相同的风速,它们所受的空气阻力却是一样的.

上述实验表明,流体中的阻力不仅与大小有关,而且与物体的形状有关. 这种由于物体形状所引起的流动阻力称为压差阻力,它与物体表面积关系不大,而是决定于物体的形状. 要了解压差阻力的本质,我们还得要了解一些关于流动状态的知识.

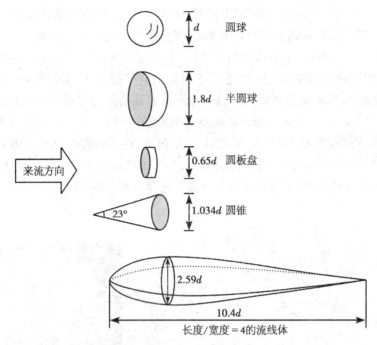

图 3-15   不同形状和大小的物体居然具有同样的阻力

3.2.3 层流与湍流

在生活中,打开自来水龙头,我们发现,当龙头开得较小时,水流像一根细线一样从龙头中流出,水柱表面光滑均匀.在这种状态下,每个流体质点都沿着一条明确的路线作平滑的运动,在不同时刻从同一地方出发的每一个流体质点循着相同的路线而流动,这种有序规则的流动状态称为层流.而当我们慢慢开大水龙头时,上述这些特征不再保持了,流柱变得杂乱无章,甚至还会有水珠从流柱中破碎出来,流动速度在空间和时间上都不规则地急剧脉动,从而出现高度的随机性质.在这种状态下,一个流体质点将循着一条极不规则的曲折路线运动,在同一地点出发的不同流体质点循着不同路线而运动,不规则的流动图案在一切时间都是变化的,这种在时间与空间上具有不规则与随机性的流动状态称为湍流.实验观察发现,在湍流状态,流体的运动速度是脉动无规律的,如图 3-16 所示.

第一位系统观察研究湍流现象的是英国科学家奥斯本·雷诺(Osborne

Reynolds). 他设计了一台如图 3-17 所示的简单实验,水是从一个大的玻璃容器中经过一根水平直玻璃管流出(速度为 V),在大容器中装一个小的容器,其中盛满颜料,在小容器下端有一根细管将颜料导入清水的管子中.

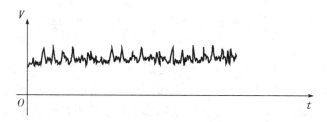

图 3-16   湍流状态时测量到的流体速度随时间的脉动变化

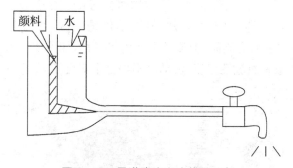

图 3-17   雷诺湍流实验装置示意

雷诺观察到下面的现象:

(1)当管中清水速度足够低时,有色水的流线沿着管子延伸成一条漂亮的直线,如图 3-18(a)所示;

(2)当速度逐渐增加时,在距入口一定距离的位置上,有色水的流线条会突然和周围的水混合,管子剩下的部分充满了有色水,如图 3-18(b)所示;

(3)当速度进一步增加时,有色水混合的位置会向入口靠近,但在所试速度范围内不会在喇叭口发生有色水流线的破碎.在电弧闪光下观察管子可以看到,染料溶解在或多或少是明显卷曲着的漩涡中,如图 3-18(c)所示.

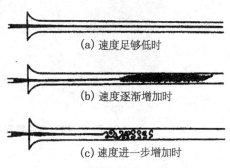

(a) 速度足够低时

(b) 速度逐渐增加时

(c) 速度进一步增加时

图 3-18   不同流速下玻璃管中有色水流动的不同状态

1883 年雷诺在仔细分析了流体力学方程组之后,提出用一个无量纲参数来划分层流和湍流,并作了大量的实验来验证这一参数在实验和理论中的重要作用.后人为了纪念这位流体力学先驱,将这个参数命名为雷诺数,对上述圆管实验,它定义为

$$Re = \frac{\rho v R}{\mu} = \frac{流体密度 \times 速度 \times 管半径}{黏性}.$$

实验发现,一般情况下,当 $Re < 2\,000$ 时,流动一般是层流;当 $Re > 40\,000$ 时,流动一般为湍流;当 $2\,000 < Re < 40\,000$ 时,流动称为过渡状态,可能是层流,也可能是湍流,这要取决于管子内壁面的粗糙程度和实验条件等因素.对圆柱绕流也有层流和湍流状态,图 3-18 给出了同一个圆柱在不同雷诺数下的流场照片.通过观察发现,当 $Re \ll 1$ 时,流动不但上下对称而且前后也对称,如图 3-19(a)所示;当 $Re = 1.54$ 时,流场前后不再对称,但流动仍是层流,如图 3-19(b)所示;当 $Re > 9.6$ 时,圆柱后面有旋涡,但流动上下仍然对称,如图 3-19(c)所示;当 $Re = 2\,000$ 时,圆柱后缘有湍流性尾流,流动已不再上下对称了,如图 3-19(d)所示.

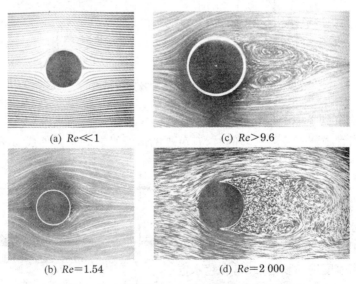

(a) $Re \ll 1$

(c) $Re > 9.6$

(b) $Re = 1.54$

(d) $Re = 2\,000$

图 3-19   不同雷诺数下圆柱绕流的不同流场

3.2.4   流动分离

从图 3-19(c)中可看出,当流动雷诺数达到一定值时,原先紧贴圆柱表面的

流体在圆柱的后缘脱离了固体表面,并在尾流区产生了漩涡,图 3 - 20(a)所示是其后缘放大的图像.

（a）流动分离漩涡脱落

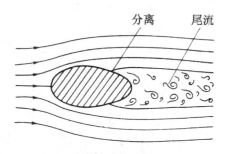

（b）流动分离

图 3 - 20　漩涡脱落和流动分离现象

　　流动产生分离的原因主要是,在真实流体中,由于黏性的作用使得固体壁面附近的流体流动减速并从表面分离,分离的流体以漩涡形式从壁面上脱落,随尾流形成一条交替的优美图案,称为卡门(Karman)涡街,如图 3 - 21 所示.

图 3 - 21　圆球尾流中的卡门涡街

　　正是这种流动分离使得在流体中运动的物体额外多了压差阻力. 在理想流体中,由于忽略了黏性,流场如同图 3 - 19(a)所示的那样是前后对称的,因而其前后压力的合力是刚好平衡的,物体没有受到阻力.而在真实流体中,由于流体黏性作用,流体在物体尾部产生如图 3 - 20(b)所示的分离,形成压力较低的尾流区,因而物体后部的压力合力在运动方向上小于物体前部的相应合力,前后方向压力不均衡,形成了压力差,合力方向与运动方向相反,阻碍物体运动,这个力就是压差阻力. 出现压差阻力的主要原因之一是物体后部的流动减速太快. 知道了流动的这些性质我们就可以设计出许多低阻力飞行器,用最省的能源作最快的飞行.

小贴士

飞机的尾部为什么是尖的?

图 3 - 22 所示是一组大家熟悉的民用飞机,细心的读者会发现飞机的尾部都

是尖的,甚至比头部尖的更厉害.这种设计就是为了降低压差阻力.实验表明,物体背风段的截面积缓慢变化,流动就能较长地附着在物体表面上,压差阻力也就越小.所以,现代航空器的尾部都是尖的.

图 3 - 22 各种飞机的尾部都是尖的

为什么现代飞机起飞后都要收起起落架?

航空旅行最重要的是飞机安全.在各种民用飞机总事故中,20% 左右是因为飞机起落架的收放失灵引起的.这是因为,虽然起落架的几何尺寸相对飞机机翼很小,但在空气中运动时受到的阻力却差不多.实验发现,在同样的动力下,飞机以 300 km/h 的速度飞行时,收起起落架可以提高飞行速度 25 km/h,这大大提高了飞行效率.

如何解释粗糙球和光滑球的阻力差异?

当小球周围的流体在层流或者湍流状态运动时,流体在小球的背面都产生流动分离,这个分离是压差阻力产生的主要原因.在低速时,两球周围的流体都处于层流状态,流动分离的分离点大体相同,因而具有大体相同的压差阻力.但粗糙的表面增加了摩擦阻力,所以粗糙球的阻力总比光滑球的要大一些.当流速达到一定值时,由于粗糙球的表面粗糙,流动不稳定,所以周围的流体较早进入湍流状态.在湍流状态时,物体表面附近能量交换显著,所以分离点将向后移动,产生的尾迹较小,因此粗糙球的压差阻力明显降低.而对小球这样形状的物体,其压差阻力比摩擦阻力要大得多,所以总阻力会下降很多.当速度进一步提高,则光滑小球的流动也进入了湍流状态,这时两个球的分离点都一样,压差阻力大小也差不多,但由于粗糙球的摩擦阻力大于光滑球的,所以粗糙球的总阻力又比光滑球的大.

为什么冬天风吹电线会发出呜呜声?

类似于圆柱绕流,当流体流过圆柱体时,如果速度适当,就会在圆柱体后产生交替的旋涡脱落,即卡门涡街.同样,适当风速的空气流吹过电线时,会产生卡门涡街.当卡门涡街的频率与电线的固有频率一样时,就会发共振.由于热胀冷缩的原因,冬天的电线绷得比较紧,这样它的固有频率就比较高,超过了人耳能听到的最低频率 20 Hz,所以冬天更容易听到风吹电线发出的呜呜声.

低速空气动力学与 F1 赛车的下压力

从悬挂系统的结构到车手的头盔,现代 F1 赛车的每一个部件都充分考虑了空气动力学效应的合理性.F1 赛车车身的设计师们最先考虑的问题是如何通过空气动力学套件来获得足够的下压力,从而使轮胎有足够的抓地力紧贴地面!在空气动力学中,飞机机翼的作用是在空气流动时产生升力.飞机的机翼设计让机翼的上表面比下表面更长,从而使机翼上面的空气流速要比机翼下方流速快,这样飞机机翼上方的气压就比下方的气压小,从而产生升力.所以说只要我们把机翼的形状倒过来,就可产生下压力,如图 3-23 所示.它会将 F1 赛车牢牢地"压"在赛道上.

图 3-23 F1 赛车下压力示意图

◆ §3.3 超音速飞行——从梦想到现实

第二次世界大战末期出现了喷气式发动机,飞机的推进动力大为提高,使飞机的飞行速度可以达到或超过声音在空气中传播的速度(约 340 m/s 或 1 220 km/h),从而开创了高速飞行的新纪元.然而,当战斗机的速度达到 700~800 km/h 时,驾驶员发现,尽管加大油门增加推力,但飞行速度却极少增加,飞机俯冲时也往往不听操纵,有时会自动低头,有时还剧烈地振动,左右摇摆.飞行速度越接近音速,驾驶员越感觉痛苦.也有些冒险的驾驶员,在强行冲破这一纪录时,造成飞机升力骤减,机毁人亡.由于当时对从低音速到超音速飞行过程中空气运动的规律不甚了解,因此人们认为音速是一种人类飞行的极限,称之为"音障"(见图 3-24).后来经过十多年的研究,特别是跨音速风洞的研制成功,人们终于知道了在跨音速飞行时,有许多特殊的流动现象,但音速并不是一个不可逾越的界限.

图 3-24　飞机突破音障的瞬间

在研究超音速流动中,经常遇到的一个无量纲参数——马赫(Mach)数,它定义为

$$Ma = \frac{流速(v)}{音速(c)} \text{ 或 } Ma = \frac{飞机速度(v)}{音速(c)}.$$

在海平面上,声音速度 $c \approx 340$ m/s,在 10 000 m 高空,声速 $c \approx 296$ m/s.

当 $Ma = 0.1 \sim 0.8$ 时,称为亚音速;

当 $Ma = 0.8 \sim 1.2$ 时,称为跨音速;

当 $Ma = 1.2 \sim 5.0$ 时,称为超音速;

当 $Ma > 5$ 时,称为高超音速.

3.3.1　超音速流动的特殊现象:激波

音速是声音在空气中的传播速度,对飞行器来讲,也可以看成是飞行器在飞行过程中,对其周围空气分子扰动的传播速度.当飞行器以亚音速即低于音速的速度飞行时,这种扰动向四面八方传播的速度比飞行器的飞行速度快,所以飞行器前方某处的一块空气在物体来到之前已经受到扰动,开始运动了,为即将到来的物体做好让路的准备,这样空气就不会在飞行器前堆积.流场中各种运动参量,如速度、压力、密度等随空间位置都是连续变化的.

而当飞行器以超音速飞行时,就没这么幸运了,远方的空气在物体未到达之前,完全未受到运动的影响,直到物体飞到眼前,才突然被推动而运动起来. 这时,飞行路线附近的空气运动状态是突变的,即突然由不动变成运动,这在空间中产生一个空气密度、压力和速度等的突变线或面. 这个突变的空间形状界面称为激波. 在实际气体中,激波是有厚度的,约为 10^{-5} mm(毫米). 激波一般用肉眼不易观察到,但借助一些光学仪器可以清楚地看到激波的形状,图 3 - 25 所示就是在超音速风洞中应用云纹干涉仪观察到的飞机模型周围的激波. 从照片中可看到,在飞机的头部、机翼前端和尾翼上都有很强的激波间断面.

图 3 - 25 飞机超音速飞行时周围的激波

激波内部有气体间的摩擦存在,使一部分机械能转变为热能,所以激波的出现意味着机械能量的损失和波阻的产生,激波越强这个能量损失越厉害. 这就是一般亚音速飞机在冲破音障时会遇到许多不可逾越的困难. 飞行速度越大,其激波越强,从而升力降低,阻力升高. 另外,由于压力分布发生了变化,气动力作用点偏离了重心,因此飞机也变得极其不易控制.

对如图 3 - 26(a)所示的钝头体,其激波与运动方向垂直,称为正激波;而对如图 3 - 26(b)所示的尖头体,其激波与运动方向不垂直,称为斜激波. 与正激波相比,当气流经过斜激波时其变化较小,或者说斜激波比正激波弱. 因此,超音速飞机的翼剖面一般采用尖的前后缘,头部出现的激波以斜激波为主. 斜激波后的压力升高量比正激波为小,机翼所受到的波阻也相对较小. 在机翼形状的设计上,超音速飞机多采用后掠型机翼,如图 3 - 27 所示,这样垂直于机翼前缘的气流速度分量($v\cos\theta$)低于飞行速度,从而推迟激波的产生. 为了提高飞行速度与质量,现代许多亚音速大型客机也采用后掠型机翼,只是比起超音速战斗机来讲 θ 角较小.

当飞机在作低速飞行时,升力随着马赫数(或飞行速度)增加而有明显的上升,但阻力增加很少. 而当速度大到某一限度时(一般此时飞行速度仍低于音速,$Ma \approx 0.7$),在机翼上表面某些点(即最低压力点或最大流速点)的流速会首先达到音速,在这些低压点附近的一小块局部区域内将首先产生超音速区,形成激波,这时阻力会随马赫数增加而显著上升,这个阻力是由于激波产生后,气流经过激

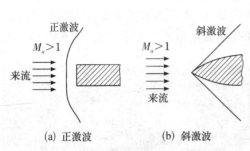

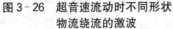

(a) 正激波   (b) 斜激波

图 3-26 超音速流动时不同形状
物流绕流的激波

图 3-27 中国歼-10 超音速战斗机

波产生较大压差损失以及激波引起流场过早分离所引起的. 这部分增大的阻力称为跨音速波阻,成因是压差性的. 随着马赫数进一步增加,过了音速以后再加速,阻力反而有所下降,到了完全超音速范围,阻力随马赫数增加而缓慢下降. 所以在跨音速区,波阻最大,升力变化最剧烈. 而且,由于压力分布特征不一样,飞机的升力中心也有很大移动,使飞机的重心位置与升力作用的位置发生偏移,造成飞行极其难控制,这也是跨音速飞行要比亚音速飞行或超音速飞行都要难的原因.

由于跨音速飞行的众多困难,现代很少有专为跨音速飞行设计的飞机,因此一般是采用短暂的时间跨过音速,使这些困难还不致给驾驶员带来很多麻烦的时候飞机已在超音速区飞行了. 持久的跨音速飞行不仅阻力剧增、耗油量大,而且升力不稳定、操纵困难.

3.3.2 喷气式飞机

采用活塞式发动机,靠螺旋桨产生的拉力来推动的飞机的飞行速度在第二次世界大战前达到了最高 750 km/h 之后再很难提高了,为了实现超音速飞行,各国开始研制喷气式飞机. 喷气式发动机和螺旋桨发动机不同,它是靠空气和煤油燃烧后所产生的大量高温高压气体,向后喷射而推动飞机前进的. 所以一般在机身前面和侧面都开有专门的进气口,机身后部留有喷口. 喷气式发动机可获得较高的推重比,使飞机获得较高的飞行速度、高度和机动性能. 第二次世界大战后期德国和英国的喷气式歼击机开始用于作战. 战场上的士兵用惊异的眼光看着这种速度极快的战机在空中厮杀. 喷气式飞机突破了活塞式飞机性能的极限,使战机进入了另一个崭新的时代. 喷气式战斗机不但可以最高达到 2.2Ma 的速度(如美国 F-22 战斗机),它甚至可以实现垂直起降(如英国"鹞"式战斗机,见图 3-28),或者在空中做出高难度的"眼镜蛇"动作(如俄罗斯 Su27 战斗机,见图 3-29).

图3‑28 英国"鹞"式垂直起降战斗机

图3‑29 俄罗斯 Su27 战斗机
做出"眼镜蛇"动作

 小贴士

第四代(俄罗斯称为第五代)战斗机

中国的 J‑20、俄罗斯的 T‑50 以及美国的 F‑22 等.主要特点是具有突出的隐身性能、超音速巡航能力、超常规机动性和敏捷性、高信息优势,简称 4S.采用推重比(发动机推力与发动机重量之比)达到 10 级的涡扇发动机、相控阵火控雷达、隐身技术和推力矢量技术等,以"发射后不管"空空导弹为主要武器.

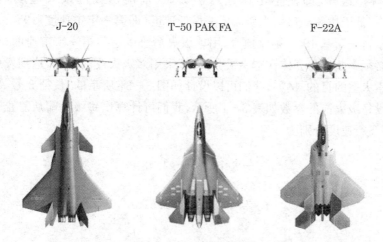

图3‑30 中国、俄罗斯、美国的战斗机

§3.4 从"阿波罗"登月计划谈火箭

月亮是一个非常具有诗情画意的星球,像李白的《静夜思》中的"床前明月光",贝多芬的《月光奏鸣曲》,都已成为千古的绝唱.月亮是美好的,几千年前人类还住山洞时就想着嫦娥奔月,我国古代也发明了冲天爆竹,但真正为人类打开飞天大门的是俄罗斯科学家齐奥尔科夫斯基(К. Э. Циолковский).他应用动量守恒原理推导出火箭飞行能达到的最大速度公式,并指出人类要摆脱地球强大的引力只能采用多级火箭的方式.他在忽略空气阻力和地球重力的前提下得到了单级火箭能达到的最大飞行速度为

$$v = w \ln \frac{M_0}{M_k},$$

其中 w 为推进剂喷离火箭的相对速度,M_0 和 M_k 分别是发动机开始与结束时火箭的总质量.

由于受火箭发动机和火箭结构的限制,目前推进剂的喷射速度 w 为 2~3 km/s,而火箭结构受材料等限制,最多可达到 $M_0/M_k = 10$,这已经相当于鸡蛋蛋壳的结构.这样,即使不考虑地球引力,火箭能达到的最大速度 v_t 仅为5~7 km/s,低于摆脱地球引力所需要的最低速度(即第一宇宙速度7.9 km/s).所以,齐奥尔科夫斯基 1911 年就预言,用单级火箭难以达到第一宇宙速度,在火箭飞行中,必须不断地将壳体在空中丢弃掉,即采用多级火箭的方法,达到发射人造卫星、探索太空的目的.例如,我们可以设计如图 3 - 31 所示的"长征 3 号 A"三级火箭,假设每级火箭的参数如表 3 - 1 所示,我们可计算出每级火箭从静止开始起飞的最终飞行速度分别为

$$v_{t_1} = w \ln \frac{777}{177} = 1.48w,$$

$$v_{t_2} = w \ln \frac{77}{17} = 1.51w,$$

$$v_{t_3} = w \ln \frac{7}{1} = 1.95w.$$

最终第三级火箭能达到的速度为 9.9 km/s,超过了第一宇宙速度:

$$v_t = v_{t1} + v_{t2} + v_{t3} = 4.95w = 9.9 \text{ km/s} > 7.9 \text{ km/s}.$$

表 3-1 三级火箭的假设参数

级别	壳重/t	燃料重/t	本节总重/t	M_0	M_k
第三级	1	6	7	7	1
第二级	10	60	70	77	17
第一级	100	600	700	777	177

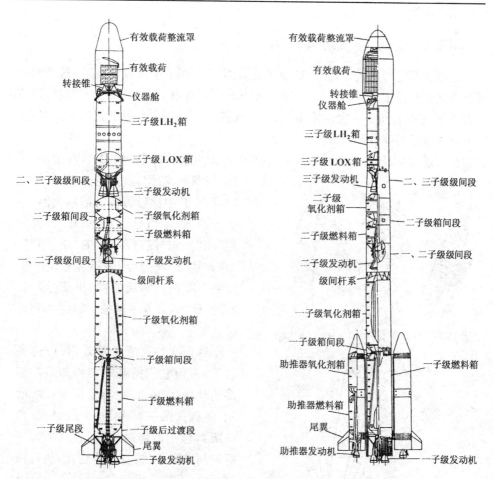

图 3-31 "长征三号 A"火箭的外形及总体布局

从表 3-1 中可看出,第三级火箭的重量(包括箭上的搭载物)仅为 1 t 而推动燃料却要 666 t. 可见,火箭飞行的代价是很高的.

　　火箭就是靠自身携带全部推进剂,不依赖外界工作介质产生推力,可以在大气层内也可以在大气层外自主飞行的飞行器.火箭的应用范围很广,军事上有火箭炮、导弹,民用上有探空火箭和运载火箭等.它的工作原理非常简单,其运动服从牛顿运动定律.根据牛顿第二定理,火箭发动机工作时,喷出的高速气体给予火箭本体一个反作用力(即推力),这个推力将引起火箭速度的变化.在飞行中,随着箭内推进剂的消耗,火箭的质量不断减小,速度也就不断增大.这和我们前面讲到的飞机飞行是靠空气气动升力是有本质区别的.在众多的火箭家族中以运载火箭的技术最为复杂.

3.4.1　运载火箭的基本结构

　　运载火箭是将航天器,如人造地球卫星、宇宙飞船和空间探测器等,送到太空预定轨道的运输工具.尽管目前已有多种方式可回收航天器,但受技术限制,目前运载火箭基本上都是一次性使用的,而且火箭一旦启动离开发射架就无法停止.因此对火箭的可靠性要求很高.

　　到目前为止,国际上能独立研制和发射运载火箭的国家和组织只有中国、美国、俄罗斯、法国、欧洲空间局、日本和印度等.其中比较著名的运载火箭有:美国的"德尔塔号"、"土星号"、"大力神"和"宇宙号";俄罗斯的"质子号"、"东方号"、"联盟号"、"能源号"和"宇宙号";欧洲空间局的"阿里安号";日本的"H 号"以及中国的"长征"系列运载火箭等.

　　尽管这些火箭千差万别,用途各自不一,但它们的基本结构却是差不多的.以德尔塔Ⅱ为例,如图3-32所示,运载火箭一般由2～4级组成.每一级都包括箭体结构、推进系统和飞行控制系统.末级有仪器舱,内装有控制系统、遥测系统和发射场安全系统.级与级之间靠级间段连接并装有分离装置.各种有效载荷(如卫星等)装在仪器舱的上面,也是火箭的最上端,外

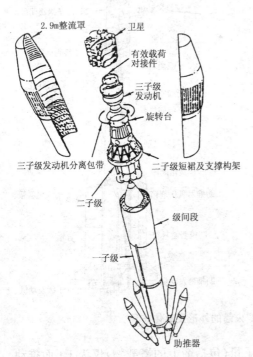

图3-32　"德尔塔号"运载火箭的结构

面套有保护有效载荷的整流罩.整流罩的作用主要是在大气层飞行段保护有效载荷不被稠密的大气摩擦所损坏,当火箭飞出大气层后,整流罩就会被弹簧或炸药分成两半从箭体上脱落.整流罩的直径一般等于火箭直径,在有效载荷尺寸较大时也可以大于火箭直径,形成灯泡状的头部外形.

对一些推力强大或有效载荷较大的火箭,在其第一级火箭的外围捆绑有助推火箭,又称零级火箭,它主要在火箭启动后的时刻提供强大的推力.助推火箭一般采用结构比较简单的固体推进剂火箭.捆绑助推火箭的运载火箭一般首先用完助推火箭中的燃料,并尽早在大气层中将其抛弃.助推火箭的数量一般为 2~8 只,具体视运载能力的需要而定.

3.4.2 "阿波罗"登月工程

20 世纪 60 年代末美国为了争夺太空主动权,实施了人类有史以来的最大工程:"阿波罗"登月工程,这一工程的目的是将人类送上人们向往已久的月球并对月球进行实地考察.从 1961 年 5 月开始,至 1969 年 7 月 20 日~21 日首次登月成功,一直到 1972 年 12 月第六次登月成功结束,历时 11 年,耗资 255 亿美元,参加人数超过 30 万.

"阿波罗号"飞船由指挥舱、服务舱和登月舱 3 个部分组成.指挥舱是宇航员飞行中生活和工作的座舱,如图 3-33 所示,它也是飞船的控制中心.服务舱是指

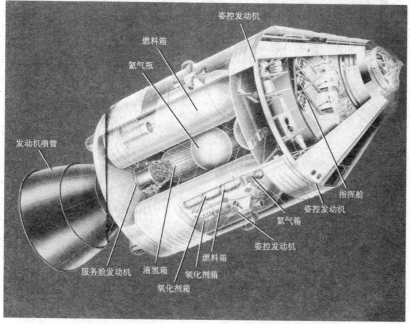

图 3-33 "阿波罗 11 号"宇宙飞船的指挥舱和服务舱

挥舱的推进动力,它的前端与指挥舱对接,后端是发动机喷管.主发动机推力近10 t,用于轨道转移和变轨机动,还有16台火箭发动机用于姿态控制.登月舱由下降级和上升级组成,如图 3-36 所示,下降级主要提供登陆月球的装置和控制系统,上升级为登月舱主体,它是宇航员登月的座舱并将宇航员从月球表面带回到指挥舱."阿波罗号"飞船使用大推力的"土星 5 号"3 级巨型运载火箭,它的第一级有 5 台发动机,推进剂为液氧和煤油,总推力为 3 400 t;第二级也有 5 台发动机,推进剂为液氧和液氢,总推力为 521 t;第三级有一台发动机,推进剂也是液氧和液氢,总推力为 102 t."土星 5 号"火箭全长 110.6 m,起飞重量达 2 930 t,运载能力在低轨道时达127 t,在逃逸轨道时达 48.8 t.

1969 年 7 月 16 日,"阿波罗 11 号"宇宙飞船(见图 3-34)载着阿姆斯特朗、奥尔德林和科林斯实现了人类第一次成功登月.下午 9 时 32 分,由"土星 5 号"运载火箭载着"阿波罗 11 号"宇宙飞船从美国佛罗里达州卡拉维拉尔角的航天中心升空,12 min(分钟)后,到达地球轨道,第三级火箭自动熄火,飞船借助地球的引力作椭圆轨道飞行.当飞船到达登月轨道点时,第三级火箭再次点火,将飞船

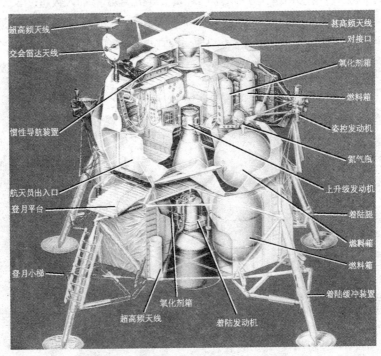

图 3-34 "阿波罗 11 号"宇宙飞船的登月舱

的飞行速度提升到 11.1 km/s,使飞船摆脱地球的引力朝着月球飞去.3 h(小时)后,飞船进入复杂的机动飞行,这时首先让飞船的指挥舱与服务舱掉转180°,与在三级土星火箭顶端的登月舱对接,就像一只大手从火箭中取出登月舱,然后三级火箭与飞船脱离,飞船依靠服务舱中的动力和地球及月球的引力向月球飞去.

经过两天半过渡轨道的飞行,飞船接近月球轨道,这时飞船掉转方向,反向喷射火焰使飞船减速.随着飞船的速度降低,飞船越来越接近月球,最后进入月球轨道.这时,宇航员绕着月球一圈又一圈地对月球表面进行仔细观察.进入月球轨道的第二天,宇航员阿姆斯特朗和奥尔德林进入登月舱并驾驶着登月舱与在月球轨道上飞行的指挥舱及服务舱分离,准备下降到月球表面实现软着陆.而科林斯则留在指挥舱内绕着月球飞行,等待两名登月宇航员的归来,如果他们返回失败,那么科林斯只能一人独自回地球了.

阿姆斯特朗和奥尔德林站在登月舱内向月球疾驰而去,只用了一个多小时就到达了月球表面.阿姆斯特朗从登月舱的小扶梯下来(见图 3-35)讲了一句名言:"对一个人来说这是一小步,对人类来说这是一大步."这时是美国东部时间1969 年 7 月 20 日下午 4 时 50分.宇航员们在月球表面进行了一个多小时的科学考察后回到了登月舱中,依靠登月舱上升级火箭起飞,向着正在围绕月球飞行的指挥舱飞去并与之对接.对接成功后,随即抛弃登月舱.在以后的多次登月中,"阿波罗 12 号"宇航员还将抛弃的登月舱射向月球,产生了长达 55 min 的人工月震模拟陨石撞击试验.

图 3-35 "阿波罗 11 号"宇航员阿姆斯特朗在月球静海基地

接着,服务舱再次启动使飞船加速,踏上回归地球之路,进入月球-地球过渡轨道,如图 3-36 所示.在到达地球附近时飞船再次抛掉服务舱,依靠地球引力和空气阻力指挥舱安全降落在太平洋夏威夷西南海面.

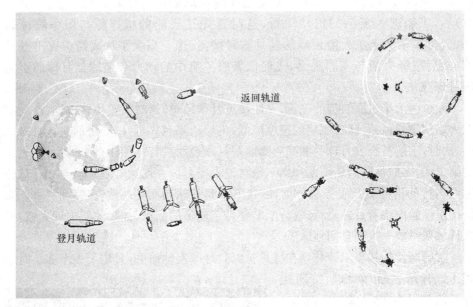

图 3-36　"阿波罗 11 号"宇宙飞船载人登月和返回地球的轨道示意

§3.5　挑战太空的航天器

现有的航天器按有无人员驾驶可分为无人航天器和载人航天器. 无人航天器包括人造地球卫星和空间探测器等, 载人航天器包括载人飞船、航天飞机和航天空间站等, 如图 3-37 所示.

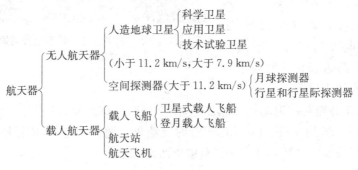

图 3-37　航天器分类

3.5.1 人造地球卫星

目前人类发射的航天器中90%以上是人造地球卫星.卫星在轨道上运行除了卫星上的仪器要正常运转外,最重要的就是卫星的轨道和姿态控制.

当卫星被火箭送到一定的高空后进入轨道,此时入轨的速度与方向就决定了卫星的运行轨迹——卫星运行轨道.圆形轨道上的运行速度称为环绕速度,抛物线轨道上的运行速度称为逃逸速度.对不同高度,卫星的环绕速度与逃逸速度是不一样的,如表 3 - 2 所示,表中 $R = 6\ 378$ km 表示地球半径,$H = 5.6R = 35\ 800$ km 为地球同步轨道,在此环绕轨道上环绕一圈刚好是一昼夜(24 h).

表 3 - 2 不同高度的卫星其环绕速度和逃逸速度不一样

速度	地面	R	$2R$	$3R$	$5.6R$
环绕速度/km/s	7.9	5.6	4.57	3.69	3.07
逃逸速度/km/s	11.2	7.9	6.46	5.6	4.33

对有些卫星,特别是应用卫星,如气象卫星和通讯卫星等(见图 3 - 38),它们的正常工作不仅取决于运行轨道,而且还和卫星的姿态密切相关.我国第一次发射的"风云一号"气象卫星就是因为姿态控制失败而最终报废.姿态控制在卫星研制时就必须建立力学模型进行分析,并采取一系列措施保证卫星姿态的稳定.卫星姿态的控制方法主要有:自旋稳定法,让卫星围绕自身对称轴不停旋转,像陀螺仪一样稳定;重力梯度稳定法,利用转动物体在重力场作用下会达到平衡的原理,使卫星某一面始终朝向地球;磁力稳定法,利用地球磁场对卫星上磁性体的吸引力使卫星稳定;三轴稳定法,在卫星上安装反向作用轮、姿态传感器和气体喷嘴,使卫星达到高精度稳定.

图 3 - 38 "风云二号"气象卫星和"东方红三号"通信卫星

3.5.2 载人飞船(宇宙飞船)

宇宙飞船就是能保障宇航员在外层空间生活和工作,以执行航天任务并返回地面的航天器,它是运行时间有限、仅能一次使用的返回型载人航天器. 1961 年 4月 12 日,前苏联发射成功"东方 1 号"飞船,宇航员尤里·加加林成为人类首次涉足外层空间的人,开创了人类载人航天的新纪元. 目前,只有美国、俄罗斯(苏联)和中国成功发射了载人航天飞船,前苏联有"东方号"、"上升号"、"联盟号"等;美国有"水星号"、"双子星座号"、"阿波罗号"等;中国有"神舟号".

2005 年 10 月 15 日 9 时,在酒泉卫星发射中心,利用"长征二号"F 型运载火箭,我国成功发射了第一艘载人宇宙飞船"神舟五号"! 经过 21 h 23 min 的太空行程,飞船最后在内蒙古境内成功降落,航天员杨利伟成为第一个实现遨游太空的中国人,它标志着中国已成为世界上继前苏联/俄罗斯和美国之后第三个能够独立开展载人航天活动的国家.

两年后的 2007 年 10 月 12 日 9 时,我国又成功地发射了"神舟六号"宇宙飞船,它载有两名航天员,17 日凌晨 4 时 33 分,圆满完成飞行任务后顺利返回. 与"神舟五号"宇宙飞船相比,"神舟六号"宇宙飞船的意义更为重大,它不但实现了多人多天飞行,而且宇航员还从返回舱进入了轨道舱活动,进行了一系列失重状态下的生理实验,标志着中国载人航天飞行由"神舟五号"宇宙飞船的验证性飞行试验完全过渡到真正意义上有人参与的空间飞行试验.

"神舟号"(见图 3-39)宇宙飞船由推进舱、轨道舱、返回舱 3 部分组成. 返回舱位于飞船中部,是航天员乘坐的舱段,也是飞船的控制中心. 它不仅和其他舱段一样要承受起飞、上升和轨道运行段的各种应力和飞行环境,而且还要经受返回

图 3-39 中国"神舟号"系列宇宙飞船

时再入大气层阶段的减速过载和气动加热.其为密闭结构,前端有舱门,供航天员进出轨道舱使用.轨道舱位于返回舱前面,这是为了增加航天员的活动空间.它里面安装有多种试验设备和实验仪器,可进行对地观测.其两侧安装有可收放的大型太阳能电池翼、太阳敏感器、各种天线,以及各种对接机构.推进舱紧接在返回舱后面,通常安装推进系统、电源、气瓶和水箱等设备,起保障和服务作用,既为飞船提供动力,进行姿态控制、变轨和制动,并为航天员提供氧气和水.推进舱的两侧还安装有 20 多平方米的主太阳能电池翼.

在"神舟号"宇宙飞船完成太空飞行后,轨道舱和返回舱分离,返回舱带着宇航员返回地面,而轨道舱留在太空轨道上,继续围绕地球做周期性飞行.轨道舱留轨继续工作,不仅表明我国低轨道航天器的飞行控制技术日趋成熟,而且为进一步发挥轨道舱的作用,合理安排后续实验,实现更大的综合效益提供了可能.

3.5.3 载人航天飞机

20 世纪 60 年代,由于阿波罗工程开支经费浩大,曾引起美国国内许多非议. 1969 年美国又提出航天飞机计划,它是可以重复使用的、往返于地球表面和近地轨道之间运送有效载荷的飞行器.目前,将航天飞机成功发射到太空的只有美国和前苏联,我国也在开展这方面的研究,"神舟号"宇宙飞船的发射正是为这方面的工作做准备.

航天飞机综合运用了火箭、航天器和飞机技术,形成一种新型航空航天飞行器.它起飞时像火箭,靠强大的推力垂直发射到天空;进入轨道好像卫星或飞船,在围绕地球的轨道上运行;返回地球时又像是飞机,可以通过驾驶员的操纵沿着跑道滑翔降落.它可用于卫星施放、卫星捕获、卫星检修、遥感遥测和太空科学实验等一系列商业作业,航天飞机将太空变成利润的来源.

美国是世界上最早研制航天飞机的国家,从 1972 年开始用了 10 年时间耗费 100 多亿美元,先后研制了 6 架航天飞机("开拓号"、"哥伦比亚号"、"发现号"、"挑战者号"、"亚特兰蒂斯号"和"奋进号"),如图 3 - 40 所示. 20 世纪 70 年代中期前苏联制定了一项分两步走的航天飞机发展计划:第一步研制一种小型航天飞机,以接替"联盟号"宇宙飞船负担的航天运输任务;第二步研制与美国现用的航天飞机相当的大型航天飞机.至今,俄罗斯的小型航天飞机已经过多次试验,大型航天飞机正在研制过程中.欧洲航天局也正在研制"海尔梅斯号"航天飞机.日本的航天飞机也在研制过程之中.

以美国的"哥伦比亚号"航天飞机为例(见图 3 - 40),它主要由一个轨道器(航天飞机的主体,可重复使用 100 次以上)、一个外储箱(储存液氢和液氧推进剂,一

图3-40 美国"哥伦比亚号"航天飞机发射升空

次性使用,不可回收)和两个固体火箭助推器(提供航天飞机飞出大气层的80%左右的推力,可重复使用20次)组成.

航天飞机的发射和飞行过程如图3-41所示.航天飞机垂直起飞,2 min后升至45 km的高空,固体火箭助推器关闭并分离,由助推火箭顶部的降落伞吊落在海面上,由回收船回收供下次再用.航天飞机起飞后8 min,升到约109 km的高空,外储液箱分离并在坠入大气层时烧毁,此时,速度约为7.5 km/s,轨道系统发动机点火,用小推力把轨道器送入预定轨道.轨道器可在近地轨道上运行3~30天,完成任务后轨道器再次点火,使轨道器减速而脱离卫星轨道,并沿着椭圆轨道再进入大气层.轨道器进入大气层后按大攻角姿态飞行以增加气动阻力,减小速度和控制气动加热,最后在导航系统引导下寻找机场并着落.轨道器着陆后马上进行维修和检查,以备下次再用.

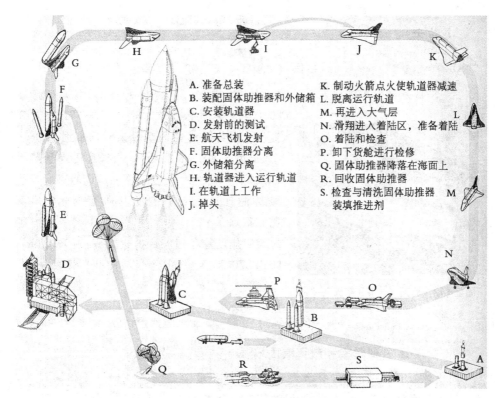

A. 准备总装
B. 装配固体助推器和外储箱
C. 安装轨道器
D. 发射前的测试
E. 航天飞机发射
F. 固体助推器分离
G. 外储箱分离
H. 轨道器进入运行轨道
I. 在轨道上工作
J. 掉头

K. 制动火箭点火使轨道器减速
L. 脱离运行轨道
M. 再进入大气层
N. 滑翔进入着陆区,准备着陆
O. 着陆和检查
P. 卸下货舱进行检修
Q. 固体助推器降落在海面上
R. 回收固体助推器
S. 检查与清洗固体助推器
   装填推进剂

图 3-41 航天飞机的发射和飞行过程

　　航天飞机是当前世界上最先进的天地往返运输器. 设计之初,科学家们认为它至少有以下几大优点:可重复使用从而降低费用、水平降落比宇宙飞船更安全、比宇宙飞船舒适、运载能力强. 然而,从 1981 年航天飞机首次飞行至今,除了体现出舒适和运载能力强两大优点外,其他预想中的优点反而成了"致命伤". 据统计,航天飞机有 3 500 多个分系统、250 多万个部件,每次飞行成本约为 5 亿美元,既复杂又昂贵. 它没有逃逸系统,实行人货混运,"挑战者号"航天飞机和"哥伦比亚号"航天飞机的失事证明,其安全性和可靠性要远远低于相对简单的宇宙飞船. 所以,美国现在已经在着手研制新的天地往返运输器,这是一种将航空航天技术有机地结合在一起,即航空航天飞机,简称空天飞机. 预想中的空天飞机是既能航空又能航天的新型飞行器. 它像普通飞机一样起飞,以高超音速在大气层内飞行,在 30~100 km 高空的飞行速度为 12~25 倍音速,并直接加速进入地球轨道,成为航天飞行器,返回大气层后,像飞机一样在机场着陆. 它可以自由方便地返回大气层.

小贴士

美国 X-37B 空天飞机

X-37B 是美国军方研制的一种无人驾驶的空天飞机（见图 3-42），已经在 2010 年 4 月进行了首次试飞. X-37B 空天飞机尺寸大约只有美国现役航天飞机的四分之一，长约 8.8 m，翼展约 4.6 m，起飞重量超过 5 t. 借助火箭发射升空时，X-37B 的速度可达到 25 倍音速. 在这一速度下，地面雷达很难发现并跟踪 X-37B 的轨迹. X-37B 可凭借自带的太阳能电池和锂电池提供动力，其飞行时间高达 270 天. X-37B 不仅具有飞行速度快，滞空时间长，发射费用低等优点，还拥有强大的侦察和攻击潜力.

图 3-42 美国 X-37B 空天飞机

著名科学家和教育家周培源

周培源（1902～1993），著名力学家、理论物理学家、教育家和社会活动家，我国近代力学事业的奠基人之一（见图 3-43）. 主要从事流体力学中的湍流理论和广义相对论中的引力论的研究. 奠定了湍流模式理论的基础；研究并初步证实了广义相对论引力论中"坐标有关"的重要论点. 培养了几代知名的力学家和物理学家. 在教育和科学研究中，一贯重视基础理论，同时关怀和支持新技术的研究. 在组织领导我国的学术界活动、推进国内外交流合作方面做出了重要贡献.

图 3-43 周培源

图 3-44 普朗特

近代力学奠基人普朗特

路德维希·普朗特（Ludwig Prandtl，1875～1953），德国物理学家，近代力学奠基人之一（见图 3-44）. 他在大学时学机械工程，后在慕尼黑工业大学攻弹性力学，

1900 年获得博士学位.1901 年在机械厂工作时,发现了气流分离问题.后在汉诺威大学任教授时,用自制水槽观察绕曲面的流动,3 年后提出边界层理论,建立绕物体流动的小黏性边界层方程,以解决计算摩擦阻力、求解分离区和热交换等问题,奠定了近代流体力学的基础.他建立并主持了空气动力实验所和威廉皇家流体力学研究所.在近半个世纪的科学生涯中,普朗特注意理论与实际的联系,在力学方面取得了许多开创性成果.

空气动力学家冯·卡门

图 3-45　冯·卡门

西尔多·冯·卡门(Theodore Von Karman,1881~1963),匈牙利裔美国工程师和物理学家,主要从事航空航天力学方面的工作,是工程力学和航空技术的权威,对于 20 世纪流体力学、空气动力学理论与应用的发展,尤其是在超声速和高超声速气流表征方面,以及亚声速与超声速航空、航天器的设计方面,产生了重大影响.他是美国喷气推进实验室(JPL)的创建人、首位主任(见图 3-45).1963 年 2 月 18 日,为了表彰冯·卡门对科学、技术和教育事业的无与伦比的杰出贡献,肯尼迪总统授予他美国第一枚科学勋章.

第四章

材料工程中的力学

一部人类的文明史,就是人类利用材料改造自然的历史.人类从最早只能利用石头、树枝,发展到冶炼,使用金属材料.从青铜器到铁器,人类的文明又向前跨了一大步.到本世纪初,化学工业的发展,产生了许多化工材料,如塑料、橡胶、高分子材料等.近十年来半导体材料的发展,诞生了信息产业.现在,人们已可以操纵原子或分子,由此构制成的纳米材料,必将在本世纪中,将人类带入一个新的境地.

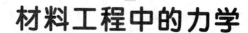 §4.1 材料的功能与力学特性

在人类对材料功能的研究过程中,诞生了一门学科:材料力学.它主要分两大部分:第一是对材料受力变形的定量化分析与计算,这就是目前工科大学普遍开设的"材料力学"课程内容,在这里不妨称其为经典材料力学;第二是探索利用现代力学的方法与手段,与其他学科交叉渗透,研制各种新型功能的材料,这是一个非常活跃的科学前沿分支.这一节中,我们主要讨论经典材料力学.

19 世纪中叶至今,随着现代工程的发展,在大型工程项目的建设中,材料失效的事故不断发生,如:飞机机翼断裂失事、"泰坦尼克号"葬身大西洋海底、锅炉爆炸、桥梁断裂、20 世纪 50 年代的北极星导弹爆炸及 80 年代的"挑战者号"航天飞机爆炸,等等.

大型工程中的材料功能失效是导致整个工程毁灭的元凶.因材料失效引起的经济损失在美国约占其国民总产值的 10%,在欧洲约占 8%.

人们是怎样来研究材料功能与预防材料功能失效的呢? 我们仍旧按照牛顿的还原法从最简单的问题入手,我们先看如图 4-1 所示的圆棒拉力试验.

在试验中,用两根粗细不一样但同样材料做成的圆棒,以同样的力 F 拉它们,生活经验告诉我们,如果 F 不断增加,那么细的一根先断.因此,决定棒断裂的因素不仅是作用力 F 的大小,还和物体的形状有关.换句话说,致使细棒断裂的原因中,F 不是唯一的因素,这就需要力学家寻找新的参量,这也是力学研究问题的一个重要的方法:寻找反映物质固有特性的参量.实践发现,如果用棒横截面积除作用力的大小得到一个新的参量,用这个参量来表示材料的变形与断裂,它将与物体形状无关.力

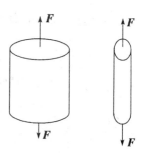

图 4-1　不同粗细的均质
圆棒的受拉试验

学里有了一个非常重要的量:应力——单位截面上所受到的平均力,用公式表示为

$$应力\ \sigma = \frac{作用力}{作用面积} = \frac{F}{A}.$$

如果一个物体或内部平面上受到的力与平面的外法线方向一致,则称为拉应力,如图 4-2(a)所示,反之则称为压应力,如图 4-2(b)所示,如果力的方向与平面的法线方向垂直,则称为切应力,如图 4-2(c)所示.

一般情况下,某种材料内部应力(不论是拉、压、切)达到一定程度时,材料都要发生破坏或称失效.引起材料断裂的最小应力,称为破坏应力 $[\sigma]$.一般地,有

$$[\sigma_压] > [\sigma_拉],\ [\sigma_压] > [\sigma_切].$$

当物体受力时,由于材料的形状或力的分布不均匀,在物体内部产生非均匀的应力分布,那些应力比较大的区域称为应力集中区域.由于应力集中区域中应力比较大,最先达到破坏应力,因此材料的破坏往往都是从应力集中区域开始的.

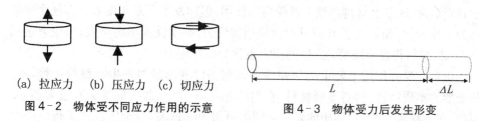

(a) 拉应力　(b) 压应力　(c) 切应力

图 4-2　物体受不同应力作用的示意

图 4-3　物体受力后发生形变

物体受力后就会发生变形,如图 4-3 所示.类似应力,我们引入新的变形量:应变——单位长度物体的伸缩量,用公式表示为

$$应变\ \varepsilon = \frac{变化长度}{原来长度} = \frac{\Delta L}{L}.$$

一般地,材料的应力与应变有如图 4-4 所示的关系.

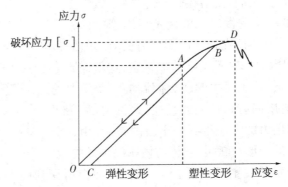

图 4-4　材料的应变与应力的关系

图 4-4 中的横坐标是应变,纵坐标是应力,从中可看出,当应力为零时,应变也是零;当应力增加时,应变呈线性增加,这一阶段称为弹性变形阶段. 在弹性变形阶段中,如果应力降低到零,应变也会恢复到零. 这个阶段的应力和应变的关系可由下列简单公式描述:

$$\sigma = E \cdot \varepsilon,$$

式中 E 称为杨(Young)氏模量,它是反映材料受力变形能力的一个重要力学参量. 如果材料越硬则 E 越大,反之材料越柔软,E 越小. 如图 4-4 所示,应力 σ 继续增加,当达到图中的点 A 时,应力和应变不再呈线性变化,点 A 称为材料的屈服点,相应的应力 σ_A 称为屈服应力. 如果继续增加应力,则材料变形称为塑性变形,一般此时不仅不再有上述的线性公式,而且,当应力到达点 B 后,撤除应力,材料的变形往往不会沿原来应力上升的道路($O{\to}A{\to}B$)回到点 O,而是沿路径 $B{\to}C$ 回到点 C,在这点上材料虽然不再受应力作用,但却发生了永久变形 OC,这个变形称为塑性变形. 如果在点 B 继续对材料施加应力,则塑性变形将增大,当应力达到点 D 时,材料将发生断裂,点 D 的应力也称为破坏应力.

材料在受力作用下发生的从弹性变形到塑性变形最终发生断裂的过程是材料变形的本质特性,但对不同材料,它们的 σ_A,$[\sigma]$ 以及曲线形状会有很大不同. 因此,在工程实际中,对使用的材料必须做材料力学试验,以确定其在工程应用中的安全性. 然而不幸的是,人类历史上却发生了许多由于对材料力学的性能认识不清或疏忽大意而导致的灾难性事故.

例如,1981 年 7 月 17 日,美国堪萨斯市的恺悦大饭店正在举行盛大的周末舞会,突然二楼和三楼的两条用钢筋混凝土建成的走廊断裂,坠入舞池. 当场砸死

113人,重伤200多人.造成这次灾难的原因是总设计师在设计上为了追求开阔的"美",没有按结构力学专家的设计,而是将二楼的大梁与一些必要的立柱全部取消掉(见图4-5).这样,三楼楼板的当中缺少支柱,楼板跨度太大,在三楼以上的物体重力作用下,三楼楼板发生了很大的下沉变形,楼板底部的拉应力超过了钢筋混凝土的破坏拉应力,楼板发生断裂倒塌,将正在楼下翩翩起舞的人砸伤砸死,人们为此付出了血的代价.

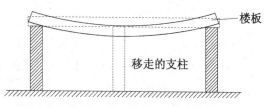

图4-5 拆掉当中立柱的大厅楼板变形太大

如果说凯悦大酒店的事故是设计师的狂妄与固执造成的,那么,发生在1912年的"泰坦尼克号"沉没事件则是人们对材料特性了解不足所造成的.

1912年4月14日晚上12时30分,从英国的南安普敦首航美国纽约的"泰坦尼克号",撞上了一座巨大的冰山而沉入海底.这就是海难史上著名的"泰坦尼克号"沉没事件,也是人类航海史上最大的灾难.多年来,科学家们一直在寻找发生这次事故的原因.

最近,美国的一个海洋法医专家小组在获得初步的证据后认为,除了船速太快以外,这艘船的铆钉质量太差可能是导致这场海难的主要原因.近年来人们对从"泰坦尼克号"的船壳上打捞起来的铆钉进行了分析,发现固定船壳钢板的铆钉里含有异常高的玻璃状渣粒,使铆钉变得非常脆弱,因此容易断裂.

据当事人后来回忆,当时冰山不是直接撞在"泰坦尼克号"上的,而是与船体相擦.冰山的尖刀与船壳钢板相擦,钢板受到强大的剪切与挤压应力.在船壳受到冰山挤压时,壳体钢板间的铆钉承受了极大的剪切应力,如图4-6所示.这样,即使船体钢板质量再好,但铆钉材料不能抗高剪切应力也会造成同样的断裂结果.这个应力造成的船体裂缝长达6个船舱.而按设计,如果海水仅进入4个船舱,船是不会沉没的,但在6个船舱都进满水后,船体的头尾失去了平衡,头重尾轻,船体尾部翘起引起船从当中弯曲断裂,最后沉入大西洋底.

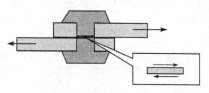

图4-6 铆钉受剪切应力作用

人们在对制造像船只这样大型工程时对其关键材料,如钢板和铆钉等都要经过材料力学测试,只有测试合格后才能使用,"泰坦尼克号"也不例外.该事故发生后的调查表明,船上的铆钉材料是经过严格的材料力学性能测试的,而且剪切破

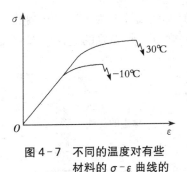

图 4-7　不同的温度对有些
材料的 σ-ε 曲线的
影响很大

坏应力还很高,不至于在冰山的挤压下发生如此严重的断裂.后来进一步研究发现,当时的试验数据是在室温下做的,而用在"泰坦尼克号"上的铆钉由于内在的质量原因,它在零度以下的破坏应力曲线要远低于室温下的破坏应力(见图 4-7),这是"泰坦尼克号"葬身在冰冷的大西洋中的重要原因.

材料在塑性变形阶段,如果实际应力超过材料的破坏应力,材料也将发生断裂,引起重大工程事故.因此,如果忽视了材料的弹性变形特性,也会发生灾难.

例如,1986 年 1 月 28 日,美国肯尼迪航天中心的发射台上,耸立着"挑战者号"航天飞机.11 点 38 分,伴随着一阵震耳欲聋的轰鸣声,"挑战者号"徐徐升空.但是,点火后仅 1 分 12 秒,在航天飞机的右侧突然冒出一团耀眼的巨大火球,两台助推火箭像两只火龙,直穿云霄,然后,航天飞机便化作一团火焰向四周爆炸开去,造价数十亿美元的"挑战者号"航天飞机拖着长蛇般的尾巴骤然而下,散落大西洋.机上 7 名宇航员,包括一位中学教师麦考利夫全部遇难.

经调查,"挑战者号"航天飞机爆炸事件的原因是,助推器的调压密封圈弹性性能失效,导致燃料泄漏继而引起爆炸的.密封圈就是利用橡胶的弹性,在两个坚硬固体表面间起到密封作用,如图 4-8 所示.因橡胶老化或受温度影响,会使橡胶的 σ-ε 曲线发生改变,在同样的载荷下橡胶会提前进入塑性变形区,丧失弹性功能与密封作用."挑战者"号航天飞机发射当天气温过低,只有 −4℃.此时,密封圈橡胶的材料力学特性发生了改变.如图 4-7 所示,由于温度降低了橡胶的弹性变形范围,外界的压力很容易使其发生塑性变形.这样,被压缩的橡胶缺少足够的恢复力来抵抗助推器内的高压气体,造成高压气体外泄,从而酿成了人类航天史上最悲惨的一幕.

图 4-8　利用橡胶的弹性变形范围大的
特点起到密封作用

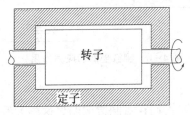

图 4-9　发电机的转子示意

　　材料的温度和工作状态等受外界因素影响时,它也会发生变形,有时这种变形必须限制在一定的范围内,如果超过了这个范围,也会引起严重的工程事故.如图 4-9 所示的汽轮发电机的转子,由于自重和电流通过产生的热效应会使转轴发生弯曲,当发电机高速旋转时,这种弯曲还会加大,但当弯曲量超过一定限度后,高速旋转的转子失稳,并会与外周的定子发生碰撞,致使发电厂发生严重的爆炸事故.

　　材料除了上述的强度和刚度失效情况外,还有一种失效形式是疲劳失效.当材料受到一个周期性交变的应力作用时,虽然作用的力远小于破坏应力,但也会引起材料失效.近代微观力学研究发现,材料在制造和加工过程中,其内部往往有很小的裂纹或损伤,这些损伤在一次加载中对破坏应力的影响往往很小而被忽略不计,但当外界作用力发生周期性变化或在其他因素影响下,这些细小裂纹或损伤会发生扩展或延伸,最终导致材料在这低于破坏应力的应力作用下断裂.由于这种疲劳断裂带有许多随机性因素,工程上因为这种隐患带来的灾难也不胜枚举.

　　例如,图 4-10 所示的高速列车是德国人的骄傲,其平均车速可达 180 mile/h(英里/小时),这给德国南北交通带来很大方便.然而,1998 年 6 月 3 日 9 时许,一列高速列车在北部埃舍得镇出轨,造成 102 人死亡和 88 人重伤,酿成了德国半个世纪来最惨重的铁路事故.

　　经调查,列车出轨的原因是,第一节车厢的一个车轮的轮箍因疲劳裂纹扩张,最后产生断裂脱落,脱落下来的轮箍与铁轨上的道岔组件碰撞,导致车轮脱轨.不巧的是列车当时正好穿过一座公路桥,横摆的第三节车厢以巨大的冲力将桥墩撞断,公路桥坍塌压在火车车厢上,造成严重的伤亡事故.

图 4-10　德国的高速列车

　　20 世纪 50 年代,发生在美国卡拉维拉尔角的北极星导弹爆炸事故就是因为燃料钢筒壁内含有隐小裂纹,在压力的作用下裂纹扩展,燃料外泻引发爆炸.从此,诞生了一门研究材料裂纹扩展、生成与运动的学科:断裂力学和损伤力学.

　　在人类了解了材料的这些特性后,不仅可以避免上述种种不幸事故的发生,而且可以应用材料的力学性能为人类服务.例如,如图 4-4 所示,材料在进入塑性变形后,当外力解除后材料仍有一定的变形余量,利用这个特点,在汽车工业中制造相应的模具,可一次性冲压成汽车的外壳.这样大大提高了汽车的生产效率和车体的美观.

§4.2 力学在新材料开发中的应用

4.2.1 多层膜微细结构

集成电路已从单一层面的晶片,发展到微型摩天大楼. 由于在生产和使用过程中产生热与变形,其中有残余应力会在晶片间产生曲屈泡(见图 4-11),导致基底脱黏,使大规模集成电路失效. 利用力学原理可以在制造过程中释放这些残余应力,使得芯片的成品率大大提高.

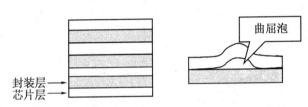

图 4-11 残余应力产生曲屈泡,导致集成电路失效

4.2.2 复合材料

在工程中经常用到复合材料,如:三夹板、钢筋混凝土、纤维轮胎等,都是通过在材料承受拉应力的方向放置强抗拉材料从而大大提高材料的力学性能.

4.2.3 新型陶瓷

陶瓷材料具有强度高(破坏应力$[\sigma]$大)、高硬度(弹性模量大)、耐高温、耐磨损和耐腐蚀等特点,是一种很有用途的材料. 但是天然陶瓷的最大缺陷是塑性很差,断裂韧性低. 因此,通过在陶瓷中加入如图 4-12 所示的桥联颗粒等方法可大大提高陶瓷的韧性,使得陶瓷在机械、航天航空、汽车和建材等领域获得广泛的应用.

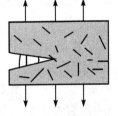

图 4-12 在陶瓷中加入桥联颗粒增加了陶瓷的韧性

4.2.4 智能材料

智能材料是一种能感知外部刺激,能够判断并适当处理且本身可执行的新型

功能材料.智能材料是继天然材料、合成高分子材料、人工设计材料之后的第四代材料,是现代高技术新材料发展的重要方向之一,将支撑未来高技术的发展,使传统意义下的功能材料和结构材料之间的界线逐渐消失,实现结构功能化、功能多样化.科学家预言,智能材料的研制和大规模应用将导致材料科学发展的重大革命.

形状记忆合金是目前应用最广泛的智能材料,比如利用形状记忆合金制造的航天天线(见图4-13).利用形状记忆合金制造的各种血栓网、支架、弹簧圈等,可以用于治疗血栓性肺栓塞、冠状动脉狭窄、脑动脉瘤等.

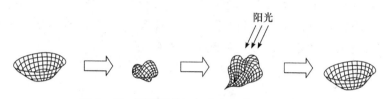

图4-13　采用形状记忆合金制成的航天天线

4.2.5　高分子材料

高分子材料具有很大的分子量,分子量通常大于5 000.高分子材料是长链结构,长链上带有不同的侧基,分子链变化,相互交联,且可以部分结晶,部分非结晶,分子量的大小也是随机变化的.所有这些都使其在变形过程中的运动非常复杂.

高分子材料有时具有流体和固体的双重特性,材料的形态有时和材料的应力有关,例如,有的材料在小的应力状态下是固体,可以保持一定的形状,而当受到一定的应力作用后,材料会发生流动,呈流体状.由于高分子材料的变形往往较大,应力与应变已不再是简单的线性关系,它将变得十分复杂,也使得从力学角度研究高分子材料的宏观特性显得很困难.目前关于这方面的研究取得了很大的进展,但无论从理论的完备性还是从实际的应用性来讲都是很不够的,其中涉及的一些问题也是力学本身的根本问题,如非线性大变形等.

4.2.6　纳米材料

纳米材料是指在三维空间中至少有一维处于纳米尺度范围(1~100 nm)或由它们作为基本单元构成的材料,这大约相当于10~100个原子紧密排列在一起的尺度.纳米材料有许多奇异的特性,即它的光学、热学、电学、磁学、力学以及化学方面的性质和大块固体时相比将会有显著的不同.纳米材料的用途很广,在医药领域,纳米材料粒子将使药物在人体内的传输更为方便,用数层纳米粒子包裹的智能药物进入人体后可主动搜索并攻击癌细胞或修补损伤组织.用纳米材料制成的多功能塑料,具有抗菌、除味、防腐、抗老化、抗紫外线等作用,可用作电冰箱、空调外壳里的抗菌除味塑料.在环境科学领域,纳米膜能够探测到由化学和生物制剂造成的污染,并能够对这些制剂进行过滤,从而消除污染.在纺织工业中,在合成纤维树脂中添加复合的纳米粉体,经抽丝、织布,可制成杀菌、防霉、除臭和抗紫外线辐射的内衣和服装,可用于制造抗菌内衣、用品,可制得满足国防工业要求的抗紫外线辐射的功能纤维.在机械工业领域,采用纳米材料技术对机械关键零部件进行金属表面纳米粉涂层处理,可以提高机械设备的耐磨性、硬度和使用寿命.纳米技术在世界各国尚处于萌芽阶段,美、日、德等少数国家,虽然已经初具基础,但尚在研究之中,新理论和技术的出现仍然方兴未艾.

小贴士

奇妙的碳纳米管

　　1991年,日本NEC公司基础研究实验室的电子显微镜专家饭岛在高分辨透射电子显微镜下检验石墨电弧设备中产生的球状碳分子时,意外发现了由管状的同轴纳米管组成的碳分子,这就是碳纳米管(见图4-14).这是一种非常奇特的材料,它是石墨中一层或若干层碳原子卷曲而成的笼状"纤维",内部是空的,外部直径只有几个到几十纳米.这样的材料很轻,但很结实.它的密度是钢的1/6,而强度却是钢的100倍.用这样轻而柔软、又非常结实的材料做防弹背心是最好不过的了.如果用碳纳米管做绳索,是唯一可以从月球挂到地球表面而不被自身重量所拉断的绳索.如果用它做成地球-月球乘人的电梯,人们在月球定居就有希望了.

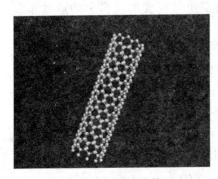

图4-14　碳纳米管

第五章

生命、人类健康与力学

§5.1 心脑血管疾病与血液动力学

人脑是人类智慧的物质基础,也是迄今所知的最复杂的生物器官.关于人类大脑是如何工作的这一问题,至今还没有一个完满的答案.但不管大脑如何工作,它时刻需要大量的营养与能量以维持神经细胞旺盛的工作能力.人类经过千万年的进化,将全身 20% 的血液供应给仅占身体总重 2% 的大脑.由于大脑神经细胞空间排列非常紧凑,以至它们自身不再储存多余的能量物质,神经细胞的营养与能量物质全靠血液循环不停地供给.所以对神经细胞,如果缺少氧气达 6 s 就可致使代谢受损.对整个人脑,如果缺少氧气达 5 min 便会使脑有不可逆性损伤,若大脑缺少氧气超过 10～15 min 则必有神经细胞死亡.所以,人脑高度复杂,也非常娇嫩,以至人类专门发育一套血管系统来给它们供血,并有一个坚固的颅壳来保护它们.

人脑供血主要靠两根颈动脉和两根椎动脉,这 4 根动脉在颅内汇合相通,构成一个网络系统向颅内神经元供血,这就是有名的维利斯(Willis)环循环,如图 5 - 1 所示.由于种种原因,这个循环系统会发生一些障碍,如某根血管堵住了,某根血管破裂了,等等.这时人脑神经元的正常功能将受到影响,这类疾病称为脑血管病(亦称:中风、脑猝死、脑血栓、脑溢血……),它已成为危害人类生命的重要疾病之一,也是我国死亡率最高的疾病之一(我国脑血管病死亡率为 116 人/10 万人口,2006 年).目前,我国每年新发脑中风 120 万～150 万人,每年死于该病的有 80 万～100 万人,患病人数高达 500 万人以上,他们一般都遗留有轻重不等的后遗症,如瘫痪、失语和痴呆等残疾,其中约 3/4 的患者丧失劳动力,生活不能自理,需要照顾.

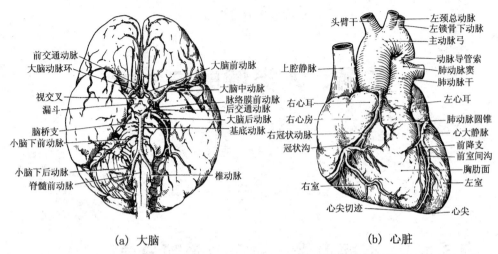

图 5-1   人体两个最重要的器官——大脑和心脏时刻都需要大量的血液供应

临床上中风最大的特点为起病急剧,死亡率高. 由于神经细胞受损死亡后不能再生,所以有幸生存下来的患者,往往具有终身神经功能不全及相应的机体功能障碍,如偏瘫、失语、耳聋等等. 对这些症状,临床上药物及其他治疗手段往往束手无策,而后遗症带来的不仅是患者的痛苦,还有家庭与社会的沉重负担. 因此,世界各国一直致力于开展脑血管疾病的预防、诊断与治疗工作,也取得了很大的进展,如近二三十年来 CT(X 线断层扫描)、MRI(核磁共振)和 PET(正电子发射扫描)等一大批先进医疗仪器的发明,给脑血管疾病的诊断提供了非常有效的手段,但对疾病的治疗与早期预防,目前,人类能做的仍很有限.

了解了脑血管疾病的危害以后,我们再来看另一种危害人类健康的元凶——冠心病. 我们知道,心脏是人体血液循环的动力,它昼夜不停地收缩扩张,将血液送往全身. 由于心脏本身也是一种器官,所以它在工作时,也需要营养与能量. 心脏在向其他器官输送血液的同时,也为自身提供血液. 向心脏供血的动脉称为冠状动脉,如图 5-1 所示. 由于冠状动脉发生病变而引起的心肌缺血等疾病称为冠状动脉心脏病,简称冠心病.

冠心病在西方国家是发病率与死亡率最高的疾病,它占全部死亡率的 50%,美国 2 亿人口中每年死于冠心病的人数超过 60 万. 在我国,冠心病的死亡率位于第三位,仅次于肿瘤与脑血管疾病,但有增多的趋势.

由于心肌不停地高负荷地收缩扩张,心肌对血液给氧的需求要远远高于其他器官. 为了高效率地工作,心肌细胞中也很少储存营养与能量物质,心脏物质代谢主要依靠从氧化分解过程获得的能量. 因此,血流的突然中断(局部缺血)会在数分钟内引起心脏功能的严重丧失,甚至心脏停搏. 在正常体温下,如缺血超过 30 min,则除了心肌的功能受损外,还出现不可逆的结构上的变化,而使得心脏复苏成为不可能. 由于脑对缺氧的反应更敏感一些,所以心脏停搏后,第一损伤的是脑神经细胞(5～15 min),之后再是心肌细胞(30 min). 因此,有许多冠心病患者,经抢救后心脏复苏搏动,但在神经功能方面却留下终身残疾,如偏瘫、痴呆,甚至变成植物人.

综上所述,脑中风和冠心病这两个人类的第一杀手(占人类死亡率的 70％以上)都有下述显著的特点:

(1) 病情很隐蔽,多数患者平时没有明显症状;

(2) 发病很突然,往往都是在数分钟甚至数秒钟内发病;

(3) 发病后果严重,多数患者非死即残,侥幸存活下来的也容易经常复发.

这两种疾病的临床表现与发病机理存在很大差别,但从血液运动角度来考虑,它们都是血管内血液运动异常所致,其中最主要的就是供应给器官的血液不足,导致神经和心肌细胞缺血(分别称为脑梗塞与心肌梗死),这就诞生了一门专门研究血液运动规律的新学科——血液动力学.

同样,我们考虑最简单的血流运动. 将人体复杂的动脉血管简化成如图 5-2 所示的刚性直管道,在管道的上下游有一个压力差,血液在压力差的驱动下流动. 如果流动是层流的话,则流动所遇到的阻力有著名的泊肃叶(Poiseuille)公式,即血液的流量 Q 为

$$Q = \frac{\pi}{8} \cdot \Delta P \cdot \frac{R^4}{\eta \cdot L},$$

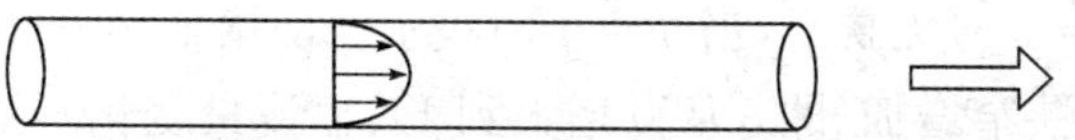

图 5-2　血液在直刚性管中的流动示意

其中,R 为血管的半径,L 为血管的长度,η 为血液的黏度. 从这个表达式中可以看出,动脉中血液流量 Q 与压力差(即人的血压)成正比,与血液黏度成反比,与血管管径的 4 次方成正比. 因此,如果患者的血液黏度较高(像高血脂、肥胖病人等),就容易得脑中风与冠心病. 同样,对高血压病人,如果突然服用降压药物,血压骤降(即 ΔP 减少),脑与心脏的供血突然减少,也会极易引起心脑缺血. 但是长期的高血压对心脑的小血管容易造成损害,所以高血压一定要降下来,但要有节奏地慢慢降.

在泊肃叶公式中,还有一个影响血流量的重要因素,就是血管的半径 R. 从公

式中可看到,如果同样条件下血管管径减少 10 倍,则血流量将减少 1 万倍,它对血流量的影响特别显著. 在人体血液中,由于低密度胆固醇、血脂及血流冲刷等作用,血管壁会发生病变,其中最典型的是使动脉失去弹性,管壁变硬,原先非常光滑的动脉内壁上隆起一块块斑块,这就是动脉粥样硬化. 据研究,动脉粥样硬化从 20 岁就开始,且随着年龄的增加,发生的概率越大. 动脉粥样硬化斑块将占据动脉管腔内的许多空间,严重影响着血液的供应. 所以,动脉粥样硬化的病人非常容易患中风与冠心病.

　　动脉发生粥样硬化、管腔变得狭窄后,血流量将如何改变呢? 我们再通过一个简单的模型来研究这个问题. 如图 5-3(a)所示,假如在一根直管中发生了一个正弦线形状的斑块,定义血管狭窄度 δ 为:$\delta = \lambda/R$,这里 λ 为斑块的最高度,R 为管半径.

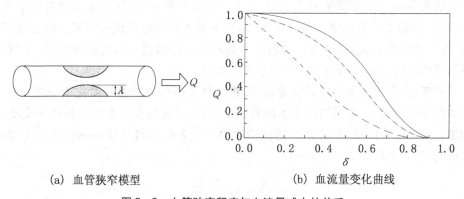

　　(a) 血管狭窄模型　　　　　　　　(b) 血流量变化曲线

图 5-3　血管狭窄程度与血流量减少的关系

　　不难看出当 $\delta = 0$ 时无狭窄,当 $\delta = 1$ 时表示全部堵塞. 通过血液动力学分析计算发现,随着血管狭窄增加(即 δ 从 0 增大到 1),血流量变化不是简单的线性关系,而是如图 5-3(b)所示的 S 形.

　　当 δ 较小时,血流量 Q 随 δ 的增加而减少的值较小,而当 δ 较大时,流量 Q 将随 δ 的增加而急剧减小. 例如,当 $\delta = 0.4$ 时,这相当于血管的截面积中已有 64％被狭窄斑块所占据,而血流量仅比无狭窄时减少 16％左右. 但当 $\delta = 0.8$ 时(增加一倍),血流量已减少 90％. 这说明,对于像脑梗塞与心肌梗死这类由于血管狭窄所引起的器官供血不足的疾病,在初期虽然血管已有一定狭窄,但血流量没有明显减少,所以疾病的症状不明显,病人甚至毫无察觉;而当血流量减小到病人有感觉或有症状时,往往狭窄已发展到相当严重的程度. 因此,这类疾病一旦发病往往比较突然,一有症状,病情往往又很严重. 并且,由于动脉粥样硬化是不可逆的,因此一般斑块生成后不会消失,目前也没有什么药物或其他手段可使斑块减退,所以病症极易复发.因此对这类病人,我们只能按泊肃叶公式,尽量减低其血液黏度,不要引起患者的血压波动.在患者病情严重的时候可用导管疏通被堵塞的血管,或者通过动脉搭桥手术(见图 5 - 4),使血液绕过被堵塞血管到达心肌等组织,这在临床治疗中起到重要的作用.

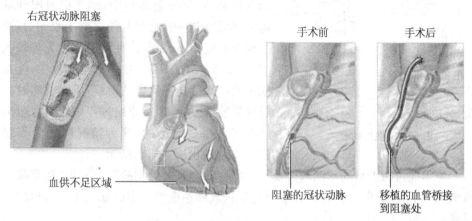

图 5 - 4　冠状动脉搭桥手术原理示意

由于这类疾病的不可逆与发病突然等特性,早期诊断与预防成为控制这类疾病最主要的手段,因此,全国各地都成立了心脑血管疾病防治办公室.复旦大学力学与工程科学系近 10 年来与全国许多医疗机构广泛合作,应用血液动力学原理,研制了多种心脑循环诊断与分析仪器,为早期诊断与防治这类疾病做出了突出的贡献,多次获得教育部和上海市的科学进步奖.

▶ §5.2　肌肉力学与心脏功能

在机器发明之前,人类是靠肌肉和大脑与自然抗争而顽强地生存下来的.人体宛如一部机器,是肌肉将机器的这些零件组装在一起,并驱动这些零件有条不紊地工作.没有肌肉的运动就没有呼吸,没有心跳,因而也就没有人的生命.

解剖学告诉我们,肌肉是一种特化了的组织,它是由肌纤维组成的,具有高度的自主收缩性.当附着在肌纤维上的神经细胞发生兴奋电脉冲时,肌纤维产生收缩,在宏观上运动作功.关于肌肉力学行为的奠基性研究是由英国科学家希尔

(A. V. Hill)开辟的,他因此获得了 1922 年诺贝尔医学/生理学奖.

在他之前的力学是研究物质受力以后的运动与变形,主要是研究物体被动受力或者说是研究"死"的东西. 而希尔面临着的是一个"活"的研究对象,在一定的

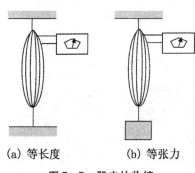

(a) 等长度　　　(b) 等张力

图5-5　肌肉的收缩

条件下,它可自己产生力而运动或变形. 为了便于研究,希尔将实验分成两类,分别考虑变形与运动. 在第一类实验中,他先把肌肉两端固定,然后用电刺激它们,使之产生收缩力,而肌肉的长度却不改变,这种情况称之为等长收缩,如图 5-5(a)所示;在第二类实验中,他在肌肉的一端悬挂一恒定的负载,肌肉收缩时其长度会发生改变,而在收缩过程中作用在肌肉上的张力却是恒定的,这种情况称之为等张(力)收缩,如图 5-5(b)所示.

希尔通过对大量的不同部位及不同物种动物肌肉的实验研究发现,在等张力收缩情况下,肌肉收缩张力的大小 P 与肌肉收缩速度的大小 v,满足下列简单的关系式:

$$(P+a)(v+b) = P_0 b,$$

其中 a, b 为常数,P_0 为最大收缩力,而 P_0/a 的数值对高等动物的所有肌肉而言大体上是恒定的. 这就是著名的肌肉运动希尔方程.

在人体中,最重要的肌肉运动莫过于心脏的收缩. 心脏主要是由心肌组成的腔室体,心肌有规律地收缩,驱动着血液周身循环.

应用心导管,人们可实时同步检测出心室压力(P)与心室容积(V)的变化规律,将它们合成在一张图中,就可得到一张反映心室动力学特征的压力-容积环,如图 5-6 所示.

心室压力-容积环是在一个心动周期内,心室在压力-容积平面内的运动轨迹. 它清晰地反映了心室动作的整个过程和心室的做功状况. 它由 4 个不同时期组成:

(1)心室充盈期,此时血液从心房流入心室中;

(2)等容收缩期,这段时期,因为心室的

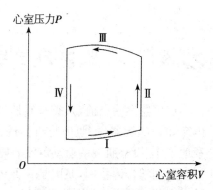

图5-6　应用导管测量心室的压力-容积环

所有瓣膜均关闭,而心室内的血液又是不可压缩的,所以这段时期内心脏收缩是等长收缩,表现在 P-V 图上是容积不变而压力升高;

(3) 心室射血期,当心室内压力升高到大于动脉中血压时,心脏主动脉瓣膜打开,血液从心室中射入主动脉;

(4) 等容舒张期,心室射血结束后,主动脉瓣膜关闭,心室开始扩张,此时由于心室瓣膜全处于关闭状态,因此心室容积不变,而压力降低,此时心肌处于等长舒张状态.

心室压力-容积环为我们了解心脏动力学状态提供了一个非常有用的参数指标,从中可分析出心脏做功的情况(环的面积)和心脏功能的生理和病理性改变情况以及引起这些改变的原因等.

§5.3　生理流动与医学听诊

当身体不舒服去医院内科特别是儿童在小儿内科看病时,医生在询问病史后,总要用听诊器在病人的胸前背后仔细地听一听,然后再作进一步检查,以明确诊断. 实际上,在 20 世纪 30 年代以前,听诊是医生获得病人信息的最主要手段之一,听诊器也是西方医学中疾病诊断设备的鼻祖.

在我们身体中存在着许多流动:如血管中的血液流动,肺中的气体流动,膀胱尿道中的尿液流动,等等. 这些流动在人体的正常生理状态与病理状态下,可能会不一样,这就为我们利用流动状态来诊断疾病提供了可能.

就血液流动而言,一般动脉中血液流动的平均雷诺数都在 1 200 以下. 而由于动脉血管壁具有较丰富的弹性,可吸收血液中的扰动能量,因此流动都比较稳定. 在人体主动脉中,当 Re 数高达 3 400 时流动仍是层流. 由于层流状态下血流运动比较稳定,消耗的能量比相同 Re 数的湍流状态要低,因此,很难用听诊器听到什么声音. 但在疾病状态下,血流就会在某些时候变成湍流,进而发出一些不和谐的音调,这其中我们最熟悉的就是心脏的杂音.

对肺部疾患也是如此,肺中的空气是通过支气管和气管与外界发生氧气-二氧化碳交换的. 在正常情况下,气管内表面非常光滑,正常呼吸时一般听不到气体在气管中运动的声音. 但是,当人患上呼吸道感染,如肺炎、支气管炎等,气管表面由于受细菌的感染,变得很粗糙,此时即使在正常呼吸时,也会出现湍流. 这时只要将听诊器放在胸口或背上都可听到"呼呼"的气喘声音,这是临床上诊断肺部感染或气管炎症最简单也是最常用的方法,特别是对儿童.

5.3.1 心脏听诊

高考前学生们都要经过体检,有的学生在经过内科检查时,往往被冠以"心脏收缩期1级杂音",挺害怕的,以为得了什么心脏病.实际上,只要了解心脏射血过程与杂音产生原理,不难理解,这都是正常现象.我们知道,青年人心肌收缩力比较强,而主动脉发育还没有完善,其入口处又比较细,因此在强大血流射出时会在主动脉瓣膜局部附近产生旋涡,引起一些微弱杂音.这种情况对健康无妨,但是对一种主动脉瓣膜狭窄疾病,由于瓣膜不能完全打开,而血流几乎是喷射出去的,甚至高达 100~200 cm/s(厘米/秒),这时,用听诊器可听到第一心音为"吹哨音".而对另一种主动脉瓣膜关闭不全的疾病,由于在心脏收缩末期,主动脉内血流受动脉弹性回力的作用,加上心室舒张,部分血液从主动脉回流到心室中,血流速度极快,这样在心脏舒张期会产生很强的湍流噪声,用听诊器很易听到.这种用听诊器听心脏舒张期杂音对诊断心脏瓣膜疾病非常有用.

5.3.2 血压测量原理

血压是维持血液在周身循环的动力,一般正常人的血压为 120/80 mmHg(毫米汞柱).这里面有两个血压值,一个称为收缩压,也称为高压,记为 P_s;另一个称为舒张压,也称为低压,记为 P_d,它们是因为心脏间隙性收缩扩张所引起的.如果我们将一根压力导管插入动脉中,可测得动脉波形如图 5-8 所示.这个压力波的波峰就是收缩压,而波谷则为舒张压.一般地,如果收缩压大于 160 mmHg,或舒张压大于 90 mmHg,则称为高血压病.长期患高血压全身可能没有什么症状,但它会引起靶器官,如心脏、肾脏、脑和血管等的功能性或器质性改变,因此高血压被称为无形杀手.现代医学科技的发展与普及,使很多患早期高血压的病人在体检或偶尔量血压时被检查出,这要归结于血压测量的简单与方便.

现在临床测血压的方法是苏联科学家(柯氏)Korotkoff 于 1892 年发明的.医生先用一个橡皮袖带缠在病人的手臂上,然后将听诊器听筒放在袖带的下肱动脉处.之后,医生向袖带内快速充气,到达估计的高压以上位置(一般到 160 mmHg)后调节放气开关缓慢放气.刚放气时,听筒内往往听不到任何声音,而当气袖内压力降低到一定数值,听筒内听到第一声清晰的心搏音时袖带内所对应的压力就是血压的收缩压,如图 5-7 所示的 P_s 位置;继续放气,听筒内的声音会发生一些变化,最终声音完全消失,这时袖带内所对应的压力为血压的舒张压,即图 5-8 所示的 P_d 位置.

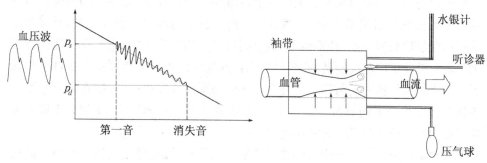

图 5-7 袖带法测血压的原理示意

这种简易的血压测量原理就是利用外界压力将动脉完全压瘪,然后逐渐减低外界压力,让动脉从完全压瘪状态逐步恢复到完全敞开状态.在这个过程中,由于血压的脉动性,会引起动脉一开一瘪,其内的血液状态也一会儿有一会儿无;一会儿喷射,一会儿平缓.这样的流动就会在血管内产生湍流流动声音,利用听诊器听出这些声音,可以很容易地判断出血管内血压的数值,而用不着向动脉内插入压力导管.

现代生物力学家与电子学工程师广泛合作,在袖带内安装压力传感器,将医生用听诊器听诊的过程改用电子仪器判断,研制出自动血压计,目前已进入寻常百姓家.尽管自动血压计的测量精度仍达不到医生听诊的精度,但由于其简便,易于家庭采用,因此受到广泛欢迎.

§5.4　太空中的生物为什么长不大——应力与生长关系

我们都知道经常进行体育锻炼会使体格健壮.运动生理学也发现,长跑运动员的下肢骨壁要比一般人厚实.自 1961 年 4 月 12 日前苏联宇航员加加林第一次飞向太空以后,人类已有数百次登上太空.太空环境非常有利于半导体晶体的生长,却极不利于人或其他生命的生长.宇航员长期呆在太空的航天器中,由于失重,他们的肌肉会萎缩,骨质会疏松.他们每次回到地面都要地面人员把他们抬出航天器,有的宇航员返回地面后不能站立和行走,有的稍不慎会发生骨折.前苏联一名宇航员返回地面时,竟无力拿起一束家人献给的鲜花.

重力对生命如此重要吗？美国一个科研小组进行过这样一项实验：他们将数百万个人的软骨组织细胞分离,然后将这些细胞在地面上培养 3 个月,再将其中的一些"栽种"到俄罗斯"和平号"轨道空间站的生物反应器中,生物反应器保证了细胞的营养物供应和废物清除.科学家们让这些活组织在太空零重力条件下生长了 4 个月.之后,将它们与地面上类似环境的细胞比较发现,活组织在太空零重力条件下比在地面上同类组织长得弱小.沿着这个实验探索下去,生物力学家们发现了应力与生长之间存在着密切的关系.

人类认识组织生长与应力的关系最早是从骨开始的.骨是支撑人类身体的重要器官,从力学角度来看它也是人体最坚硬的组织.人体中共有 206 块骨头.它们形状各异,大小不同,构成了人体形态及运动的基础.图 5 - 8 所示是骨的组成示意.在长骨的两端是两个关节,其外由一层关节软骨的特殊覆盖层,构成了关节的滑动表面.关节与关节软骨之间的摩擦系数非常低,可达到 0.002 6,大概是已知所有固体表面中最低的摩擦系数.这为人类关节活动获得很高的效率.骨的外层是一层骨密质,中层是骨松质,当中是中空的,里面有血管与骨髓.在骨密质的外层还有一层覆盖除关节外整个骨头的骨膜,它含有大量的活性细胞,它可以转变成骨细胞,调控骨的生长.

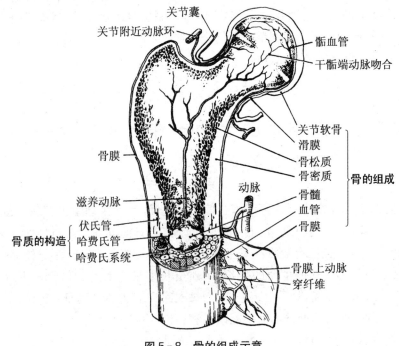

图 5-8　骨的组成示意

人类在生活与临床实践中发现,骨的生长与其所受的应力有着密切关系. 实际上,应力对骨的改变、生长和吸收起着调节作用,这对于健康和医疗是非常重要的. 每根骨都有一个最适宜的应力范围. 在这个应力范围内,骨细胞的生长与凋亡是动态平衡的. 过高或过低应力都会打破这种平衡,使骨头产生萎缩. 例如,在早期的骨外科手术中,医生发现,固定骨头的螺钉在一段时间后经常会松脱,而拧得越紧,松脱也越早. 这就是因为太紧的螺钉或螺栓会在骨头内部产生局部应力集中,引起骨吸收,结果使固定松动. 因此,现代先进的骨固体螺栓上会有自动应力指示,医生在固定时要拧得恰到好处.

科学家们进一步研究还发现,一定范围的应力能刺激新生骨的生长,这对骨折的愈合是一个重要的因素,这个研究成果彻底改变了骨折的治疗方法. 以前治疗骨折,往往是在 X 光下,医生将折断的骨头对接好,然后再在体外用石膏将其固定,待 2~3 个月骨折处长好后再将石膏拆除. 这个方法虽然可以起到固定骨头的作用,但在拆除病人的石膏时,病肢肌肉严重萎缩,需要长期艰苦的恢复锻炼才能复原. 所以古人有"伤筋动骨一百天"之说. 现在,掌握了应力与生长的规律后,治疗方案就发生了根本性变化,不再采用石膏了. 首先,通过手术用金属支架将折断的骨头固定在一起,这样骨折段的骨头功能就由支架来代替,缝好伤口,几天后患者就要下床锻炼,给骨和肌肉以良好的应力刺激,几个月后再手术取出金属支架,病人就完全康复了. 这样,病人虽然经历两次手术,但无论从治疗时间还是从治疗效果来讲都具有很大优点. 所以,在临床上正慢慢用此治疗方法取代用石膏的方法. 现在宇航员在太空失重情况下,每天都必须做 2~3 h 规定的体操,这样可大大减少骨及肌肉的萎缩.

§5.5　耳蜗力学

对自然界美妙动听的声音,人类的耳朵又是怎样感知的呢? 或者说人耳的听觉原理是什么? 这里又蕴藏着什么奥妙的力学原理呢? 这个问题的答案直到 20 世纪 50 年代才由美籍匈牙利科学家格奥尔格·冯·贝克西(G. von Bekesy)揭示,并由此开创了一门新的力学边缘学科——耳蜗力学.

5.5.1　声音的基本特性

讨论耳朵的听觉原理,得先从声音的基本特征开始着手讨论. 从上一节中我们知道,声音是振动在连续介质中的传播. 振动的物体,又称为声源,引起其周围空气分子加速,并向周围波状扩散,这就是空气中的声音. 在声音的传播过程中,由于空气分子的密集与稀疏会引起声传空间区域中空气压力相应地升高和降低,这样产生的压力脉动称为声压,它可用类似于麦克风的微音器加以测定. 像其他流体中的压力一样,其单位可用 N/m²(牛/平方米)表示. 人类能够听到的声压脉动范围大致为 $10^{-4} \sim 50$ N/m²,但人的耳朵却不能分辨这大小相差 10 万级声强的差别. 为了方便起见,在研究声音对人听觉作用时,常引用一个新的无量纲参数:声压级(L)(sound pressure level),即 dB(分贝):

$$L = 20 \cdot \lg(P/P_0),$$

其中 P 为实际测量到的声压,P_0 为人为定义参照声压,取 $P_0 = 2 \times 10^{-5}$ N/m²,L 的单位为 dB. 之所以定义这样的对数参数,主要是使对听觉系统有意义的声压更为清楚明了. 例如,在喧闹的马路旁,我们可以测量到声压 $P = 2$ N/m² 左右. 由上面的公式换算出 $L = 100$ dB,这对人来讲是相当吵闹了. 一般地,如果声压水平达到 130 dB 时,人耳产生痛觉,而当 $L = 150$ dB 时,将会对听觉系统产生生理性损伤. 从公式中还可看出,声压每升高一倍,可使 L 升高 6 dB,而声压加大 10 倍,则 L 升高 20 dB. 在空气中 L 有一个上限,约为 191 dB,比这更高声压的声波就不可能在空气中传播了,或者说它是声波在空气中传播的能量上限. 人耳的有效听力一般在 20～130 dB 范围.

　　人耳对声音的感觉除了声压外,还决定于声音的频率,它使我们能区别不同人讲话以及不同物体发出的声音. 一般地,自然界的各种声音中含有许多不同频率的声波,如图 5-9(a)所示,如果一个声音中仅含有一种频率的声波,我们称之为

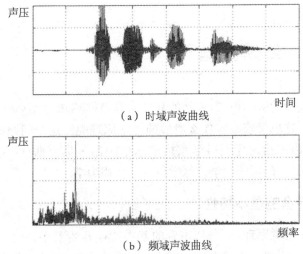

（a）时域声波曲线

（b）频域声波曲线

图 5-9　声音产生空气脉动在时间域和频率域的表现

纯音.如音乐中 C 调的 1 就是 130.8 Hz 的纯音,D 调的 1 就是 146.83 Hz 的纯音.

如果我们将一种声音的所有纯音均提取出来,画在图上,横坐标取作纯音的频率,纵坐标取作这个纯音的强度,则所得到的曲线(或离散的点)称为频谱,它是"音质"的一种定量化度量,如图 5 - 9(b)所示.

对于一个纯音,其频谱仅是一个点,如果是周期音,则其频谱将是离散的点,而对无规则的声音,频谱往往是一条连续曲线.人耳对声波频率的敏感范围在 20~20 000 Hz 之间.低于这个频率段的声音称为次声,高于这个频率段的声音称为超声.

5.5.2　人耳的结构

了解了声波的基本特性之后,我们再来看一下人耳的结构.如图 5 - 10 所示,人耳分为外耳、中耳与内耳 3 个部分.外耳主要收集声波;中耳通过咽鼓管与鼻咽部连接在一起;外耳与中耳间的隔膜称为鼓膜,它的两侧均为空气介质.当声音沿外耳道传播到鼓膜上时,会引起鼓膜振荡,这个振荡信号经过中耳内的 3 个杠杆式小骨:锤骨、砧骨和镫骨,被放大与滤波后,传播到内耳的前庭窗上.内耳是个复杂的结构,它包括平衡器官与听觉器官.听觉器官在耳蜗,它是一个内部充满液体的封闭体,其中又被基底膜及前庭膜分隔成 3 阶,其中上下两阶是相通的管道,分别称为前庭阶与鼓阶,这样声波的振动从前庭窗中传入,沿前庭阶经过耳蜗蜗顶绕行到鼓阶回到中耳的圆窗上.这样,耳朵就将空气振动的声音信号转换成耳蜗内液体波动传播的信号.液体振动基底膜,使基底膜上的毛细胞的纤毛偏斜,毛细胞将此信号转换成电信号,沿听神经传导至中枢,这样人们就感受到了声音.

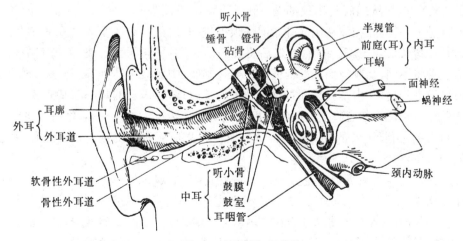

图 5 - 10　人耳的解剖结构

5.5.3 耳蜗力学模型

耳朵又是怎样区分那些不同声音的呢？为了便于深入研究,贝克西将上述复杂的生理模型,简化成如图 5-11 所示简单的力学模型.

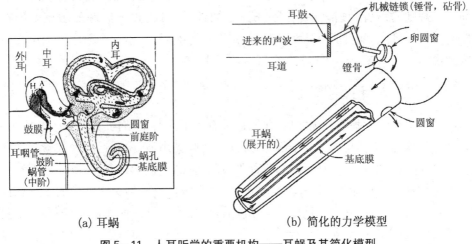

(a) 耳蜗　　　　　　　　　　　　(b) 简化的力学模型

图 5-11　人耳听觉的重要机构——耳蜗及其简化模型

在这个模型中,贝克西分析道:空气中的声波(纵波)经外耳道引起鼓膜的振动,并经中耳的 3 块听小骨放大后传到耳蜗的卵圆窗上,引起耳蜗内液体的振荡,液体的振动将引起基底膜的振动,在基底膜上产生一个如图 5-12 所示的"行波".振动"行波"是一个横波,它的传播特性取决于基底膜的弹性与形状.由于基底膜的弹性与形状从蜗底到蜗顶都是变化的.因此,不同频率的波在基底膜中传播的特性是不一样的.在波从蜗底开始向蜗顶推进的过程中,其振幅随之逐渐加大,到达某一位置时,振幅达到极大,之后将逐渐消失.对不同频率的波,其极大振幅点的位置将不同,高频波振动的极值点主要在蜗底,中频波可达到耳蜗中段,而低频波可推进到蜗顶.内耳就是通过这样一个力学原理,将声音的频率在基底膜上"分离"了.由于位于基底膜上的毛细胞可将机械振动转换为神经冲动,经听觉神经传送至大脑,引起声音的感觉,这样,人的耳朵可以听到声音的频谱,从而能区别不同的音质,如图 5-13 所示.

由于贝克西在听觉理论方面的创造性贡献,瑞典卡罗琳医学院授予他 1961 年度诺贝尔医学/生理学奖.之后他根据上述听觉原理,发明了新型的听力检测仪,以区分耳聋是什么原因引起的,是空气声音传导(气导)障碍,还是内耳感音障碍抑或是大脑内听神经障碍,为耳聋病人康复做出了杰出的贡献.根据贝克西的

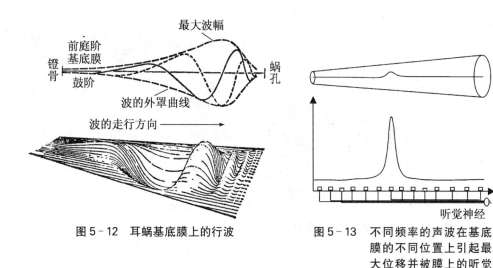

图 5-12　耳蜗基底膜上的行波

图 5-13　不同频率的声波在基底膜的不同位置上引起最大位移并被膜上的听觉神经所感受

原理,人们研制了许多不同种类的助听器,帮助年迈的老人重新回到有声世界. 最近美国科学家研制了一种采用电磁振动原理的助听器,以取代目前广泛采用的声学振动助听器. 它的原理是将声音信号经植入在人耳内的微处理器处理得到声音的实时频谱信号,放大后直接驱动附着在耳蜗上的磁铁,引起毛细胞的兴奋而产生听觉,这项工作已通过临床实验. 病人戴上这种助听器后听到的声音与原来的可能不一样,但经过一段时间的训练,病人就会适应.

　　从贝克西探索听觉奥秘到研制新型听力仪与助听器,不难发现力学肩负着探索自然(科学)与改造自然(工程)的双重任务. 力学的每次重大进展与飞跃都与其研究背景和研究手段密切相关.

小贴士

心脑血管疾病的介入治疗

　　介入治疗是指使用 $1\sim2$ mm 粗的穿刺针,通过穿刺人体表浅动静脉,进入人体血管系统,医生凭借已掌握的血管解剖知识,在血管造影机的引导下,将导管送到病灶所在的位置,通过导管注射造影剂,显示病灶血管情况,在血管内对病灶进行治疗的方法. 包括经皮腔内血管成形、血管支架(见图 5-14)、溶栓治疗、血管畸形以及动静脉瘘与血管瘤栓塞治疗等. 介入治疗具有简便、安全、有效、微创和并发症少等优点,但是治疗费用昂贵.

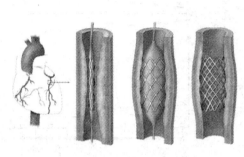

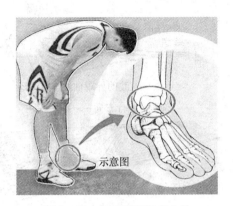

示意图

图5-14　利用支架介入治疗冠状
动脉狭窄示意图

图5-15　姚明脚部的应力性
骨折示意

应力性骨折

应力性骨折,又称疲劳性骨折或积累性劳损,是一种过度使用造成的骨骼损伤.肌肉在过度使用疲劳后,不能及时吸收反复碰撞所产生的震动,将应力传导至骨骼,这样长期、反复、轻微的直接或间接损伤可引起特定部位小的骨裂或骨折.应力性骨折多发生于身体承重部位,如小腿胫腓骨和足部.易患人群为足部承重较多的运动员,如篮球、足球、网球运动员,以及田径、体操运动员和芭蕾舞演员.著名篮球运动员姚明脚部的多次骨裂就属于应力性骨折(见图5-15).

第六章

人类的生存环境与力学

§6.1 从尼罗河上惨案说起

大家可能都知道阿加沙·克里斯蒂（Agatha Christie）著的《尼罗河上的惨案》。小说和电影中扣人心弦的情节给看过的人留下了深刻的印象。故事是虚构的，但在尼罗河上确实发生过比这个故事还要惨痛的悲剧，它的主角就是 1970 年埃及政府建筑的阿斯旺大坝。

尼罗河是世界上最长的一条河，它在非洲大陆上流经苏丹、埃及，最后注入地中海。它的西侧是撒哈拉大沙漠，东侧是阿拉伯大沙漠，沙海茫茫，寸草不生，是尼罗河给埃及带来了充沛的水量和肥腴的沃土，在黄色沙漠中开辟了一条绿洲走廊，并在河口区堆积了宽约 100 km 肥沃的三角洲平原。千百年来，尼罗河河水年年在七八月间定期泛滥，大量的河水越出河堤淹没了河滩上的耕地。1959 年，埃及政府为了农业的现代化和获得廉价的水利电力，决定在阿斯旺这个地方截河建坝。建坝工程于 1970 年完工，大坝给埃及带来廉价的电力和便利的灌溉，但同时也带来了灾难：

（1）河水不再泛滥了，看似好事，但尼罗河两岸的绿洲失去了肥料来源（原来河水中的泥沙和有机物质是两岸土壤肥沃的主要来源），绿洲又重新被沙漠侵蚀。下游由于没有足够的淡水洗盐，土壤盐渍化日趋严重。

（2）由于建坝，河水流速变慢，泥沙大量淤积在河道内，不仅抬高了河床，也使下游平原由原来的向地中海延伸变成了朝大陆退缩，原来建筑的港口等设置受到严重威胁。

（3）下游地中海海域因尼罗河没有带来足够的有机物，使近海沙丁鱼严重减产，从 1965 年的年捕获量 15 000 t 到 1971 年时已没有沙丁鱼的影子了。

（4）河水从奔腾湍急的活水变成流动缓慢、相对静止的"死水"，使得血吸虫、蚊子肆虐.

这是一桩地地道道的尼罗河上的惨案，它一下使全世界从水电热中惊醒过来，各国政府纷纷重新评估它们的水电建设计划．水力能源并不是取之不尽用之无害的自然恩惠，合理有限度的索取才是人类发展的正道.

谈到河中的泥沙就不能不提中国的黄河．它是世界上含沙量最大的一条河流，年输沙量达 16 亿 t．在春秋战国时期，黄土高原曾是一个郁郁葱葱、生机勃勃的世界，河水清澈，而现在的黄河两岸则是光秃一片，河中黄沙滚滚，浊浪翻腾．由于在河流上游建坝发电，下游的水量逐渐减少，黄河下游断水期一年比一年长，从 20 世纪 70 年代年均断流 9 天，发展到 1995 年一年断水 122 天，断流里程从 135 km 发展到 683 km.

黄河流域又是世界上水土流失最严重的地区，面积为 6.4×10^5 km²（平方千米）的黄河上中游的黄土高原地区水土流失面积达 4.54×10^5 km²．严重的水土流失使得每立方米黄河水含沙量高达 35 kg．年平均淤积下游河床的泥沙达 4×10^8 t．这使得河床每年抬高 10 cm．泥沙的堆积使黄河成为有名的"地上河"、"悬河"．目前，黄河河床比沿黄河的郑州市高出 2～3 m，黄河开封段河床高出开封铁塔地基 13 m，如图 6-1 所示，罗口段河床比济南火车站高出 5 m，沁河段河床比新乡市区高出达 22 m．黄河自周定王五年（公元前 602 年）以来，决口泛滥达 1 500 多次，较大的决口和改道有 26 次，重要的决口和改道有 7 次，每次决口和改道与严重的水灾是相伴而生的，给两岸人民生命和财产带来了极大的危害．所以说，黄河是悬在中国人民头上的达摩克利斯之剑一点也不过分.

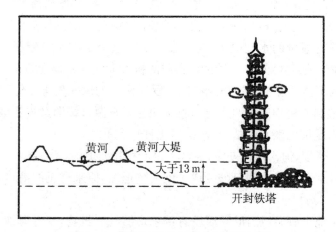

图 6-1　黄河干流上的地上"悬河"示意

泥沙在河道中沉积不仅对河道环境造成影响,而且大量的淤沙还可能对水电站工程甚至整条河流产生致命危害.例如,1960 年我国建成的黄河三门峡水库(见图 6-2),由于缺乏对泥沙问题严重性的认识,制订了过高的水利要求,计划将千年一遇的洪峰流量 32 500 m³/s(立方米/秒),削减为 6 000 m³/s;计划安装 8 台发电机组,总容量 116 万 kW(千瓦).

但大坝建成后(坝高 350 m),水库中泥沙的淤积十分严重,1960 年9 月~1962 年 3 月,总淤量达 15亿 t,占同期入库沙量的 93%,到1964 年泥沙的淤积量已达 44 亿t,且淤积末端不断向上游延伸,河床抬高,严重地威胁到关中平原和西安市的防洪安全.此后,水库被迫放弃蓄水,拆除已安装好的第一台机组,进行两次大改建,造成了极大的浪费.

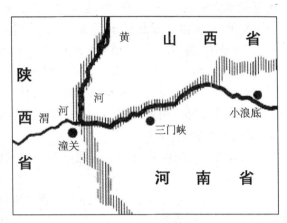

图 6-2　三门峡水电站位置示意

在兴建三峡大坝时,中国政府十分慎重,前后论证了近 30 年,之后又修建了葛洲坝水电站.在此基础上经过仔细论证,最后决定上马三峡大坝工程.尽管如此,三峡大坝的建设仍冒有一定的风险,因为大坝对上下游生态环境的影响往往很难预料,有些问题甚至在建坝十几年后才发生.要解决这些问题,必须依赖于各行各业的科学家与工程师,包括力学家们,不断发现新问题,解决新问题,总结经验,让大自然持久有效地为人类服务.

泥沙运动不仅会造成江河泛滥,电站埋没,而且还会发生给人类环境带来"灭顶之灾"的沙尘暴.历史上最严重的沙尘暴曾经发生在美国.美国西部森林草原广布,土地肥沃,是美国农业发展得天独厚的地方,由于其开发时间短,资源丰富,从未受到大自然的报复.但在第一次世界大战以后,由于小麦价格猛涨,促使美国中部各州的农场主竞相把大片草原和稀草树群辟为耕地,严重破坏了生态平衡,也同时孕育了一场灾难.

1934 年 5 月 11 日清晨,从美国西部刮起了一阵阵遮天蔽日的黑色狂风,狂风挟着泥沙腾空而起.这场黑风暴自西向东迅速蔓延,整整持续了 3 天 3 夜,形成了一条东西长 2 400 km,南北宽 1 400 km 的黑风暴带.由于美国中部多为宽广的平原,黑风暴所到之处无所阻挡,因而田地干裂、庄稼枯萎、溪水断流、牲畜死亡,乃至千万人流离失所.这场黑风暴横扫美国 2/3 大陆,风暴所到之处,当地居民都以为"世界末日"到了. 人类对生态环境破坏招来的报复, 往往要比人类预料的严重得多, 有些甚至是根本无法预料到的.

例如, 1998 年 4 月 16 日, 上海下了一场泥雨, 汽车顶上、自行车坐垫上全是点点泥斑, 第二天整个上海笼罩在灰蒙蒙的"泥雾"中. 这天尽管天空无云, 但人们无法感受到太阳的光芒. 在户外只要待上一二小时, 脸上、衣服上全都是灰尘, 感觉极不舒服. 这次沙尘暴起源于新疆. 由于长期无节制地放牧与砍伐森林, 地表干旱, 植被减少, 遇大风一吹, 地表裸露在外的沙尘被卷到 1 000 m 的高空, 再随着大气气流的运动, 远在数千千米之外的上海也就饱尝到了新疆的沙尘.

这些沙尘在流动的水和空气(流体)力作用下的运动规律是怎样的呢? 它们的起落沉降受哪些因素的影响? ……对这些问题的研究诞生了一门新的力学分支:泥沙动力学.

为什么水流速度降低会引起泥沙淤积? 我们来分析一下河流泥沙的受力情

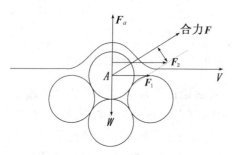

图 6-3 泥沙启动的简化模型

况:泥沙在河底上受到拖力与举力作用. 当水流流过如图 6-3 所示的沙粒堆时, 由于水黏性摩擦力的作用, 使得沙粒 A 产生一个与水流平行的后拖力 F_2, 但由于沙粒是部分暴露在水中的, 因此 F_2 一般不通过圆心. 当水流速度较大时, 沙粒顶部流线发生脱离, 并在沙粒背面产生漩涡, 从而产生压差阻力 F_1, 对球形沙粒这个力是通过圆心的.

在水流流动时, 沙粒顶部和底部的流速是不同的, 前者为水流的运动速度, 后者则为沙粒间渗透水的流动速度, 它比水流速度要小得多, 近似采用伯努利定理, 沙粒顶部流速高压力小, 底部流速低压力大, 从而产生一个举力 F_a, 它是通过沙粒重心的.

通过理论计算可推导出圆柱体沙粒被举离河床的条件:

$$\left(\frac{1}{3}+\frac{1}{9}\pi^2\right)V^2 > \frac{\gamma_s-\gamma}{\gamma}g \cdot D.$$

这里 γ_s 和 γ 分别为沙砾和流体的密度. 一般在水中沙砾可取 $(\gamma_s-\gamma)/\gamma = 1.65$, 于是对不同尺寸的沙粒, 使它启动的水流速度是不一样的, 如:当 $D = 0.1$ mm 时, 启动条件为 $V > 3.35$ cm/s; 而当 $D = 1.0$ mm 时, 启动条件为 $V > 10.60$ cm/s. 这说明沙砾尺寸越大, 启动所需的速度越快, 且呈平方关系.

当泥沙启动后, 沙粒在梯度流场中运动将发生马格鲁斯(Magnus)效应. 考虑如图 6-4 所示的情况,由于黏性作用,在河床底面,流体的流速几乎等于零. 而在外流场,流速等于水面流速 V. V 到 0 之间会有一个速度梯度,这个速度梯度层往往比较薄,在流体力学中称为边界层. 在这个梯度层中,如果有一个固体颗粒,那么颗粒上表面的流速将比下表面的大,在流体黏性作用下,颗粒将发生旋转. 这样就使得下侧静压力高于上侧,形成一个向上的举力 F. 这个举力如果大于

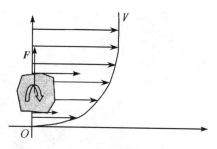

图 6-4　河床底部泥沙受到
　　　　向上的升力作用

颗粒自身的重量,就会使得颗粒无法沉积在河床上,只能随流而下. 当然,如果 V 越大,同样大小的颗粒所受到的举力也就越大,沙粒越不易沉积. 反之流速越小,沙粒更容易沉积. 这种效应称为马格鲁斯效应.

§6.2　上海苏州河的污染与治理

苏州河是上海的一条重要河道,它由西向东横穿上海市区,在黄浦公园旁边汇入黄浦江. 苏州河全长 125 km,在上海境内有 53 km. 20 世纪 60 年代至 70 年代以后,随着经济的发展和城市人口的增加,大量未经处理的污水排入河道,致使苏州河严重污染,其黑臭程度举世闻名. 苏州河污染治理措施分两类,一类是控制和消除污染源,减少工农业和生活污水向河道中的排放量,但上海市日产 6 000 000 t 污水,其中 50% 是生活污水,而这其中仅 10% 左右经过处理,其他都是直接排入河道中. 因此,完全控制污水向河中排放近期内很困难. 第二类是通过一系列措施,特别是改善河道水动力学状态,稀释污水浓度,控制污染物的滞留与聚沉,促使污染物稀释外排,提高河道河网的自净能力. 要做到这点必须对苏州河河流和河底的淤泥动力学特性有充分的了解,才能制订合理的方案和建设有效的工程设施.

在苏州河河流底部沉积有 1 m 厚的泥沙,这部分泥沙在水环境污染和整治中具有很重要的作用,它是水环境系统的一部分. 受污染的底泥本身累积了污染的历史信息,并可能会对上覆水体产生二次污染,即所谓"沉渣泛起". 因此,清除或减少河底的泥沙就是苏州河污染治理的重点之一.

经过科学家大量的理论与实验研究,发现利用潮流能量来清除和输运污染底泥是一个好办法. 这个办法就是在苏州河入黄浦江口筑起一个可开关的闸坝(如

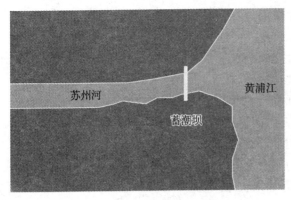

图 6-5 所示),和一般挡潮闸坝的运行刚好相反,它在潮水来时打开闸门,让潮水灌满苏州河,之后关闭闸门,等到潮位落到最低时再迅速打开闸门,使苏州河中的水借着潮位落差迅速地流向长江口,借助这迅速的水流将河底的淤泥带到长江入海口.这种利用潮汐能量自然清除河底淤泥的设想一提出就受到各方面的关注,但这项工程的实施尚

图 6-5 苏州河蓄潮坝位置示意

有许多问题要解决,比如潮汐的落差产生的河水流动速度有多大? 这样的速度能否将河底淤泥启动并带入长江或东海? 淤泥进入长江入海口后的扩散情况是怎样的? 会不会被下次涨潮再带回苏州河? 涨潮时大开闸门,苏州河水位快速升高,这对苏州河的防洪带来更大的困难,怎样保证清污过程中不会造成防洪隐患? 这些问题都需要力学工作者认真研究,大胆设想,小心论证.

上海的力学工作者在通过对苏州河河泥运动与扩散理论研究的基础上,进一步采用水槽水力模拟试验,研究潮汐波形对底泥启动和悬浮输运的影响.苏州河的潮汐波形是涨急落缓非对称的,这种波形对底泥和悬浮污染物向下游输运十分不利,也是形成污水云团在河段中持久回荡、水环境恶化的原因之一.在水槽试验中,通过改变自然潮汐波落潮历时,使该河段形成较陡的水力坡度,结果明显增加了一个潮周期内的底泥冲刷输运量.

§6.3 空气污染

说到天,就想到空气污染.工业革命给人类带来高质量生活与极大方便的同时,造成的两个最明显的后果是,人类使用能量的急剧增长和城市人口的不断增加.由于人们向城市集中的趋势是永远不会改变的事实,这使得维持生活的技术变得日趋复杂,并使日常生活对技术的依赖程度越来越高.这些技术活动的结果是产生越来越严重的空气污染,以至于某些大城市会面临这样一种局面,即限制进一步开发的资源不是空间、原料和水,而是空气!

1997 年下半年,上海市环境监测中心首次在《解放日报》上刊登了从周五至下一个周四的空气质量周报,近年又发布每天空气质量日报,这表明我国对空气质量越来越重视.事实上,我国空气质量已到了非重视不可的地步,否则,在其他国家发生的环境污染灾难可能在我国重现.

空气污染的危害程度主要取决于空气中污染物的浓度,而不是污染物的排放量.人类使污染源集中于少数地区的趋势(城市化)加剧了空气污染,因为这种情况不利于污染物的稀释与扩散.国家公布的空气污染指数就是用实际测量的污染物平均浓度除一个标准浓度.因此从控制污染角度来说,加快污染物的扩散与稀释比控制污染物的排放有时更有效.

6.3.1 空气污染物与空气污染事件

历史上曾发生过几起重大的空气污染事件,例如,1952 年 12 月英国伦敦发生一起灾难性空气污染事件,造成 4 000 余人意外死亡,其主要祸首是硫氧化物(SO_x)和烟尘.空气中主要污染物如表 6-1 所示.空气污染发生时的一些主要特征事件如下:

(1) 因风速低和逆温层引起的空气滞留;

(2) 当雾、SO_2、烟尘和其他污染物浓度增加时,咳嗽、眼睛受刺激的发病率也随之增加;

(3) 当污染物浓度达到高峰时,死亡率增加;

(4) 额外死亡率主要发生在高龄组;

(5) 死亡和患病现象在所有年龄组中都有发生.

表 6-1 空气中 5 种主要污染物的来源及危害

污染物	来源	危害
(1) 碳氢化合物(HC)	矿物质不完全燃烧,有机溶剂蒸发	产生光化学烟、雾,对人体产生心血管痉挛,引起神经细胞中毒
(2) 一氧化碳(CO)	矿物质不完全燃烧	
(3) 氮的氧化物(NO_x)	在高温条件下 N 和 O 化合生成的,主要是汽车及燃油电站的排放物	产生光化学烟雾,增加对织物及电缆的腐蚀,对人体产生急性支气管炎
(4) 硫氧化物(SO_x)	煤燃烧产物	酸雨,腐蚀金属 刺激人体的呼吸系统,使人产生心脏病
(5) 悬浮颗粒物	烟尘与风沙 铅粒($0.5~\mu m$,含铅汽油)	雾(特别与 SO_2 作用产生酸雾)导致呼吸道系统急慢性疾病

2007 年 4 月 2 日,上海出现浮尘天气(见图 6-6),可吸入颗粒物日均值达 0.623 mg/m³(毫克/立方米),为 2006 年日均值的 7 倍左右,是上海有可吸入颗粒物测量史以来最高值,空气质量状况呈重度污染.自 2000 年 6 月 1 日,上海发布空气污染指数时采用 PM10(可吸入颗粒物)指数以来,这是首次达到 500 这个最高值.

图 6-6　上海笼罩在一片灰黄色的浮尘中

6.3.2　空气污染指数

空气污染指数(air pollution index,简称 API)就是将常规监测的几种空气污染物浓度简化成为单一的概念性指数值形式,并分级表征空气污染程度和空气质量状况,适合于表示城市的短期空气质量状况和变化趋势.根据空气质量标准和各种污染物对人体健康和生态环境的影响来确定污染物浓度的值,是评估空气质量的一种依据.计算方法为:将各种空气污染物的浓度分别除以国家标准,再乘以 100,得到各种污染物指数,取其中最高的一项作为空气污染指数.

根据我国空气污染特点和污染防治重点,目前计入空气污染指数的项目暂定为:二氧化硫、氮氧化物和总悬浮颗粒物.随着环境保护工作的深入和监测技术水平的提高,将调整增加其他污染项目,以便更为客观地反映污染状况.表 6-2 列出了空气污染指数的范围以及相应的空气质量类别和对人体健康的影响.表 6-3 所示是 2007 年 6 月 1 日的上海市空气质量日报.

表6-2 空气污染指数范围及相应的空气质量类别

空气污染指数(API)	空气质量级别	空气质量状况	对人体健康的影响
0~50	I	优	此时不存在空气污染问题,对公众的健康没有任何危害
51~100	II	良	此时空气质量被认为是可以接受的,除极少数对某种污染物特别敏感的人以外,对公众健康没有危害
101~200	III	轻度污染	几乎每个人的健康都会受到影响,对敏感人群的不利影响尤为明显
201~300	IV	中度污染	此时,每个人的健康都会受到比较严重的影响
>300	V	严重污染	所有人的健康都会受到严重影响

表6-3 上海市空气质量日报

指标	空气污染指数	相等于空气质量标准
可吸入颗粒物	58	II级
二氧化硫	19	I级
二氧化氮	21	I级

6.3.3 大气污染与气象动力学

一个受到严重污染的城市,就其整个空气质量来说,是污浊的,但也经常会出现空气十分清新的时候.空气质量出现这种周期性波动,并不是该地区污染源发生了巨大变化,而是气象条件发生了较大变化.因此,研究气象动力学的改变对认识与解决空气污染起着十分重要的作用.要了解污染的扩散,先要了解大气是怎样运动的,因为污染物往往是随风漂流的.图6-7所示是大气层高度与温度的变化规律,根据这些规律我们将大气层分为对流层、同温层、中间层与电离层等.其中,对空气污染影响最大的是对流层.

在对流层中,大气温度随高度的分布规律受地面影响很大,温度变化情况复杂.白天地面吸收太阳辐射后将部分热量向上传递,使近地层的空气首先增温,然后通过湍流、对流等传导方式,将热量向上传递,形成气温随高度的递减型分布,

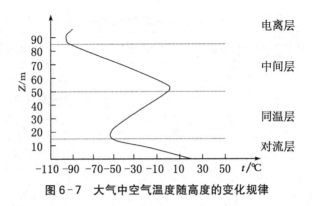

图 6-7 大气中空气温度随高度的变化规律

此种分布形式以晴天的中午最明显,如图 6-8(c)所示.夜间太阳辐射为零,地面因本身辐射冷却降温,使近地层的空气由下而上逐渐降温,形成气温随高度增加的递增型分布,此种分布以秋天的半夜为代表,如图6-8(a)所示.日出后,近地面的空气随着地面的增热很快升温,使低层逆温很快消失,而离地面较高处的空气仍然保持着夜间的分布状态,故形成下层递减、上层递增的清晨转换型分布,此种分布以早晨 6 时为代表,如图 6-8(b)所示.日落前后,由于地面迅速冷却,近地面的气层迅速降温,因而形成下层递增、上层递减的傍晚转换型分布,此种分布以晚上 18 时为代表,如图 6-8(d)所示.

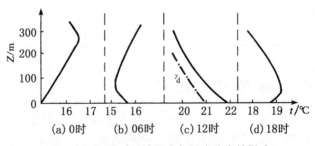

图 6-8 日照对近地层大气温度分布的影响

上述温度廓线的日变化规律在阴天、大风时不明显,晴天微风时比较明显.一般情况下,近地层温度的垂直变化比高层大气温度的变化大得多.

下面我们来分析一下对流层内气流是怎样运动的.我们在地表面放一个气球,假设这个气球的球壁很薄,它的张力可忽略不计,从而球内的气体压力总是等于球外当地的大气压;同时球壁又是很保温的,这样球内外就无能量的交换.如果我们将这个理想的气球从地球表面一直上升到高空,由于大气压力的渐渐减低,气球将绝热膨胀,这时气球内的气体温度将随着高度的升高而降低,如图 6-9 中的虚线所示.注意,此时虚线不一定是大气中的实际温度线,我们称之为绝热线.

再来看一看大气的温度,如图 6-9 所示,太阳光并不能直接加热大气层,而是从下面靠温暖的地面把热量传给大气层,因而大气层的温度受多方面因素的影响,并且,大气层的温度随高度的变化不一定刚好是绝热的.这个变化规律对大气的运动乃至污染物的扩散起着重要的作用.

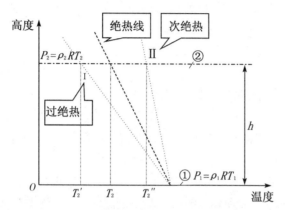

图 6-9　大气对流层温度对气体扩散影响分析示意

假如大气温度随高度的变化是过绝热的,即大气温度随高度降低的速度比绝热线来得快,如图 6-9 中所示的虚线 I.此时,若有一个气球,它开始处在地面①的位置,它的压力为 P_1,密度为 ρ_1,温度为 T_1,根据气体状态方程,有:$P_1 = \rho_1 R T_1$,其中 R 为普适气体常数.如将该气球绝热地升高 h 到达水平②的高度,则气球内的压力 $P_2 = \rho_2 R T_2$,这里 ρ_2 和 T_2 分别为气球内气体的密度和温度.此时在水平②高度,气球外大气的压力也应满足气体状态方程,即 $P_2' = \rho_2' R T_2'$,这里 ρ_2' 和 T_2' 分别为大气的密度和温度.因为气球内外气体压力应该是相等的,即:$P_2' = P_2$,所以在水平②高度,气球内空气的密度 ρ_2 与大气中空气的密度 ρ_2' 满足:

$$\rho_2 = \rho_2' \times (T_2'/T_2).$$

因为是过绝热状态,所以 $T_2' < T_2$,因此 $\rho_2 < \rho_2'$.这说明气球中的空气密度比大气中的低,气球受到的大气浮力大于自身重量,它将一直往上飞去.这时的大气是不稳定的,表面略微受热的气体就会向上运动,产生对流风.

假如大气是次绝热的,即大气温度随高度降低的速度比绝热线来得慢,如图 6-11 中的虚线 II 所示.进行类似的分析得到,$\rho_2 > \rho_2''$.这说明气球内的气体比大气重,气球重新回到①的位置.此时天气闷热,无对流气流运动,地表面的污染物也就无法扩散出去.更有甚者,如果大气的气温随高度不降低反而升高,称这时的大气层为逆温层,这逆温层就像一个盖子一样把污染物盖在地球表面,时间一长就会造成严重的大气污染.

6.3.4 大气污染的控制

控制大气污染主要有两种方法,一是堵,一是疏,这就是:

掌握污染源,控制污染物的排放,或者对废水废气进行处理后再排放;掌握扩散规律,让排出的污染物尽快扩散,减少空气中有害物质的浓度.

控制污染物排放的主要手段是采用一些技术手段,最大限度地降低废气中的污染物浓度.针对废气中的不同污染物往往采用不同的方法.对废气中的颗粒物主要采用除尘技术,就是应用旋风、布袋过滤和电除尘等方法将固体颗粒物从气体中分离出来.对废气中的气态污染物则主要采用吸收、吸附和催化反应等方法将二氧化硫(SO_2)、氮的氧化物(NO_x)等有害气体从排放物中清除掉.

研究污染物扩散规律的方法主要有两种:

其一,实验模拟.如用环境风洞模拟污染物的扩散规律,选择合适的烟囱高度与建厂地点.如图 6-10 所示,采用水槽来模拟大气层污染物扩散,图 6-10(a)是

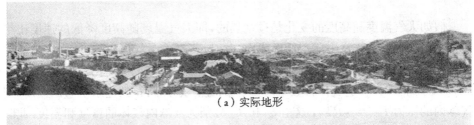

（a）实际地形

（b）在均匀流中的扩散情况

（c）在模拟逆温层中的扩散情况

图 6-10 采用拖曳水槽作大气层污染物扩散模拟实验

实际地形,图6-10(b)是在均匀流中扩散的情况,图6-10(c)是在分层流即在模拟逆温层中的扩散情况.通过对各种不同大气状况下污染物的扩散试验,可了解建厂后污染物的扩散规律,为厂址选择和烟囱高度值提供基本数据.

　　其二,数值模拟.建立污染空气运动的动力学模型,应用流体扩散原理建立相应的数学方程,从理论上计算出影响污染物扩散的因素,并对不同的工况进行数值模拟,为最佳建厂方案提供依据(见图6-11).

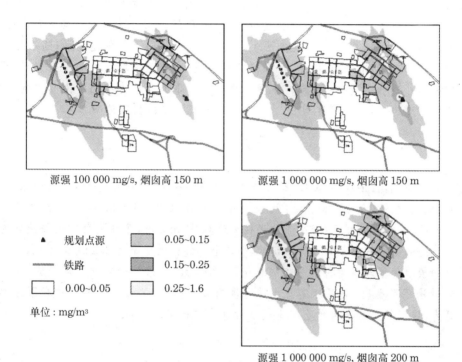

源强 100 000 mg/s, 烟囱高 150 m　　源强 1 000 000 mg/s, 烟囱高 150 m

源强 1 000 000 mg/s, 烟囱高 200 m

图6-11　利用数值模拟研究工况下城市中污染物的分布

 小贴士

粉尘为什么较沙粒更易被扬起?

　　当物体在黏滞性流体中运动时,物体将受到流体的阻力作用,在相对运动速率不大时,这种阻力主要来自于流体的黏滞力,并称为黏滞阻力.由于在流体中物体表面附着有一层流体,这层流体随物体一起运动,在物体表面周围的流体中必然形成一定的速度梯度,从而在各流层之间产生内摩擦力,阻碍物体的相对运动.

英国力学家、数学家斯托克斯于 1851 年提出球形物体在黏性流体中作较慢运动时受到的黏滞阻力 F 的大小由下式决定：

$$F = 6\pi\eta vr,$$

式中，η 为流体的黏滞系数，它与流体性质和温度有关，r 为球体的半径，v 为球体相对于流体的速度（说明：表达式只对球体相对于流体的速度较小时近似成立）。如果让质量为 m、半径为 r 的小球在静止黏滞流体中受重力作用竖直下落，它将受到 3 个力的作用：重力 mg、流体浮力 f、黏滞阻力 F，这 3 个力作用在同一直线上。起初，小球速度小，重力大于其余两个力的合力，小球向下作加速运动；随着速率的增加，黏滞阻力也相应增大，合力相应减小。当小球速率增大到一定数值时（极限速率），小球作等速运动，此时作用于小球上的重力与浮力和黏滞力相平衡。如果流体密度为 ρ_a，小球密度为 ρ_s，由此可求得小球下落的极限速率

$$v_c = \frac{2(\rho_s - \rho_a)r^2 g}{9\eta}.$$

若流体为空气，在温度为 20℃，黏性系数为 1.820×10^{-5} kg/m/s 时，假设小球（沙尘）的密度是 2.0×10^3 kg/m³（远大于空气密度 1.293 kg/m³），重力加速度为 9.8 m/s²。代入上式可得：当小球的半径为时 0.01 mm 时，小球下落的极限速率为 0.024 m/s；小球的半径为 0.1 mm 时，小球下落的极限速率为 2.4 m/s。可见，小球下落的极限速率与其半径的平方成正比，半径越大，下落的极限速率就越大。从上面的讨论还可看出，极限速率与小球密度有关，密度大的小球其相应的极限速率也越大，这实际上就是为什么粉土较沙粒易于被扬起的原因。

第七章

能源工业的核心问题

能源在人类生存与发展过程中扮演着极其重要的角色. 能源的消费水平在一定程度上已成为衡量一个国家国民经济发展和一个民族生活质量的重要标志.

§7.1 全球与中国能源状况

目前在人类利用的能源中, 90%以上是一次性非再生能源. 就是说, 我们目前从地球上获得的绝大多数能源, 在短期内 (几百年尺度) 是无法再生的, 用一点少一点, 总有枯竭的一天. 根据国际能源专家的预测, 占我们现在使用的能源资源 87%以上的煤、天然气和石油, 分别将在 200 年、60 年和 40 年内耗尽. 特别是石油, 这意味着我们的子孙可能将再也看不到现在马路上川流不息的燃油汽车. 到那时, 或许比现在更好, 但也有可能比现在更糟. 这不仅取决于我们的科技进步, 更重要地要看我们人类对能源合理使用的程度.

在世界范围内, 从消耗能源的比例来看, 石油、煤和天然气分列前 3 位, 而在中国, 则是煤、石油和水电, 如表 7-1 所示.

表 7-1　世界和中国主要能源藏量一览表

能源	占世界能源比例	排名	占中国能源比例	排名	中国蕴藏量占世界比例
石油	38.6%	1	16.6%	2	2.4%
煤	27.3%	2	76.2%	1	15.4%
天然气	21.7%	3	2.1%	4	0.8%
水电	4.9%	4	4.7%	3	世界第一

从表 7-1 中可以看出, 我国能源工业正面临着严峻的挑战, 也存在着难得的

机遇.

首先,我国大陆人均拥有的能源只有世界平均水平的 1/3,是美国的 1%,是我国台湾地区的1/25. 第二,我国能源结构不合理,以燃煤为主,导致运输紧张与环境污染.第三,我国的能源利用效率低下,目前西方国家一次性能源转换成电力的效率是 36%,而我国仅为 22%. 第四,我国单位产值能耗是世界上最高的国家之一. 这不仅是对能源的严重浪费,还带来严重的环境污染问题.第五,我国能源资源地理分布不均,东部经济发达地区只有 1/3 的能源储量.

我国所面临的机遇是

(1) 我国是煤蕴藏大国,至少可用 200～300 年,因此如何高效、洁净地使用煤是目前我国能源邻域的突出问题.

(2) 在核技术方面,我国有一定的优势,特别是受控核聚变技术.

(3) 在风能和太阳能等领域,我国发展的潜力巨大而且在该领域我国的科技水平与世界先进水平的差距很小.

(4) 由于我国目前的单位 GDP 的能耗比过高,因此在节能方面潜力巨大. 实施节能战略,提高我国能源使用的科技水平十分迫切.

因此,我国的能源出路就是:提高能源使用效率＋新能源技术.

§7.2　三次采油与渗流力学

石油工业至今已有 140 年的历史,前 80 年主要是利用天然储量进行一次采油,原油采收率很难超过 10%. 从 20 世纪 50 年代起,采用向地下灌压水来驱动石油在地下流动的二次采油技术,原油采收率可达到 30%. 应用二次采油技术在使得采油率大大提高的同时,使得原油的含水率也不断增加. 目前,我国陆上油田大多进入高含水率后期,大部分油田的综合含水率已超过 80%,如果仍沿用注水开发方式开采,则运行费用将越来越大,因此,应用再向井下灌注液体,进一步驱动地下油层中残留石油流动的三次采油技术势在必行. 为此,我国科学家们一方面进一步研究地下物理-化学力学及渗流理论的新问题,建立统一的模型来描述用掺有活性添加剂(这些活性添加剂能够改变水及石油的流体力学性质)的水溶液驱替石油的过程;另一方面积极研究新型驱替剂,通过大量实验和理论分析找到一种称为水解聚丙烯酰胺的聚合物和向地下灌注这种聚合物的方法.

水解聚丙烯酰胺是一种可溶于水的长链大分子,其分子量可达到 1 000 万,因而聚合物水溶液可以达到很高的黏度.这种高黏度的聚合物被注入地层后,会渗透到油层的多孔介质中,和介质有较强的亲和力,这样占据了原来原油的位置而将油挤出.因此,这种驱替物的分子量和黏度就是决定三次采油成功与否的关键,因为如果聚合物的分子量过大、黏度过高,就会堵塞孔隙,不能大范围地驱替原油.但如果聚合物的分子量过小、黏度太低,流动性太强又会降低采收率,不能真正起到三次采油的效果.

　　我国大庆油田在采用这种三次采油技术后,石油采收率在二次采油的基础上又提高了 12%,每吨聚合物换回 150 t 以上的原油,这为大庆油田的高产稳产做出了巨大贡献,这项技术也因此获得了 1998 年国家科技进步二等奖.

　　渗流力学是流体力学的一个分支,它主要研究流体在多孔介质中的运动规律.储集石油和天然气的砂岩地层的孔隙直径大多在不足 $1\sim500\ \mu m$ 之间,是一种典型的多孔介质.这些物质使石油渗流具有下列特点:表面分子作用显著,毛细管作用突出,流动阻力大,流动速度一般较慢,根据渗流力学的基本方程和实地地质勘探数据,可以对地下油层区进行采油过程的数值计算与模拟,最优化选择油井勘探的位置和采油方案,这为高效经济地开采宝贵的石油提供了保障.

 小贴士

微生物采油

　　微生物采油是将微生物及其营养源注入地下油层,使微生物在油层中生存繁殖.一方面利用微生物对原油的直接作用,改善原油物性,提高原油在地层孔隙中的流动性;另一方面利用微生物在油层中生长代谢产生的气体、生物表面的活性物质、有机酸、聚合物,来提高原油采收率.微生物采油由于其成本低、效果好、无污染,愈来愈受到人们广泛的重视.

§7.3　核反应堆力学

　　核电是第二次世界大战后在军工技术基础上发展起来的一种能源技术.核电厂的能源是由核反应堆内的核裂变产生热能,通过冷却剂将热能传递给介质,再通过蒸气发生器产生蒸气,蒸气推动汽轮机带动发电机发电.图 7-1 所示就是核电站的工作原理图.核电站的关键设备是反应堆,根据冷却剂的不同分为压水堆、重水堆和快增殖堆等,在堆内采用低浓度裂变物质做燃料. 在任何情况下这些燃料都不可能像原子弹那样发生核爆炸,但是如果反应堆设计有缺陷,则有可能造成核污染事故. 历史上核反应堆重大事故有 3 次. 一次发生在美国的三里岛核电站,造成的后果并不非常严重,因为利用了第三屏障——安全壳把整个核岛封闭起来停止运行. 另外一次发生在 1986 年的前苏联的切尔诺贝利核电站,当时因为操作员违背操作指令,使得堆芯温度迅速增高而发生爆炸. 由于该电站未在反应堆周围构筑一道坚固的钢筋混凝土防护外壳,使得放射性物质大量泄出,酿成了历史上最严重的一次核事故. 而最近一次是发生在日本的福岛核电站事故. 2011年 3 月,由于日本东北近海的 9.0 级地震引发了海啸,导致日本福岛第一核电站的冷却系统电源发生故障,而使 4 个反应堆中的 3 个堆芯发生溶解导致氢气爆炸,使得安全壳遭到破坏而导致核泄漏. 此外,冷却反应堆堆芯所产生的大量被核污染的水被直接排放到大海中,导致海洋和地下水都遭到严重污染. 到目前为止,福岛核电站事故尚未被完全控制,而事故等级已经被提高到 7 级,与切尔诺贝利核事故是同样等级.

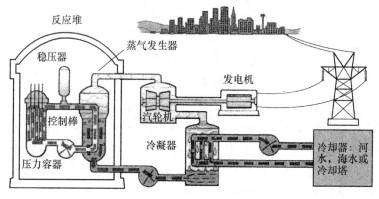

图 7-1　核电站工作原理图

　　由于核电的经济、清洁和高效等其他电力无法比拟的优势,从世界潮流来看,核电占总发电量的比例越来越高是一种趋势. 世界上法国、比利时和瑞典 3 国的核电占总发电量的 50% 以上,日本和美国的核电也占总发电量的 20% 以上. 我国于 20 世纪 90 年代建造了秦山和大亚湾两座核电站,而近年来我国的核电事业获得了快速的发展,到 2011 年 3 月份,我国已建成和在建的核电站达到了 11 座,都分布在东部和南部的沿海地区.

　　反应堆结构力学是研究反应堆设计、制造和经济安全使用中的力学问题的一门新兴学科,国际上简称 SMiRT (Structural Mechanics in Reactor Technology).

至 1999 年,国际上已召开过 15 次 SMiRT 国际会议,我国也举办了 10 届全国会议,可见,反应堆力学问题研究方兴未艾.

在反应堆中的主要力学问题有:

(1) 安全壳的结构力学问题. 主要研究在大风、地震、失水事故和外部袭击等情况下安全壳的安全性能.

(2) 反应堆主要设备,如堆芯、管道、压力壳等在正常运行和异常情况下的力学性能的理论、计算与实验研究,为反应堆正常运行设计提供科学依据.

(3) 热交换系统的数值仿真与实验研究.

(4) 退役和核废料的密封与封存的可靠性研究与超长期预测.

(5) 核电设备中材料特性的研究.

(6) 核工程结构地震响应分析,减震与隔震技术的研究.

▶ §7.4　磁流体发电

火力发电是将燃料例如煤粉的热能,先转换成机械能(汽轮机转子高速旋转),再将机械能转换成电能,这种多级转换是造成火力发电效率低下的最主要原因,因此,人们设想是否能将热能一步转换成电能.磁流体发电是最有前途的一种形式.

如图 7-2 所示,我们知道,当导电流体通过磁场切割磁力线时,根据电磁感应现象,导体中就会出现感应电动势,利用这一原理就可设计无旋转机械部件的发电机.

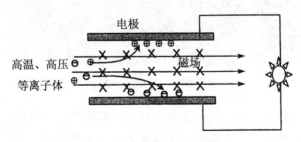

图 7-2　电磁感应直接发电

在常温下空气或水蒸气是不导电的,必须将气体温度提高到 6 000 ℃以上,才能使气体电离,产生导电的等离子体.用一般的燃烧方法很难达到气体电离的温度,即使能有这样的高温,电极和管道材料也极难适应,所以往往在气体中掺入少量的电离电位较低的碱金属元素,如铯,钾、钠等,这些碱金属元素称为种子添加剂.这些元素在 3 000℃高温下就可电离,使气体达到磁流体发电所需要的电导率.

带电流体在磁场中运动,它的运动规律与一般江河中水流的规律不完全一样.要能高效发电,必须要掌握其规律,这是磁流体力学这门学科研究的主要内容之一.

由于高温等离子气体经过电磁场通道发完电后仍含有许多热量,因此目前国内外的磁流体发电(见图 7-3)往往作为火力发电的前置级,它的尾气被送入后一级火力发电.由于材料和其他因素,大容量燃煤磁流体发电和大型超导磁体的研制有很高的技术难度,而应用于实际还有相当大的差距.但对我国这样的产煤大国,磁流体发电无疑具有极大的诱惑力,所以国家"863 计划"曾将它列入攻关项目.

图 7-3 俄罗斯 U-25 磁流体发电试验装置

与传统的燃煤发电相比,磁流体发电具有许多优越性.首先,它具有较高的发电效率.磁流体与蒸气联合发电理论上发电效率可达到 50％～60％,但单纯的火力发电的效率一般不到 40％.第二,环境污染少,在用于磁流体发电的燃煤中要加入一些碱金属作为电离种子,而这些金属与硫化合的能力很强,极易生成硫化合物.为了提高磁流体发电运行的经济性和防止大气污染,金属种子必须回收,这样就把硫一起收集了,结果在排出的废气中几乎没有氧化硫之类的污染.此外,磁流体发电的热污染和二氧化碳排放都较常规的火力发电少.第三,磁流体发电可以大量节约用水,用水量仅为同量级火力发电的 30％.这对我国北方多煤少水的情况特别有利.第四,机组启动快,控制容易,机械故障大大降低.第五,单机容量很大.由于没有旋转机械的限制,单机容量可达到几十万千瓦以上.

▶ §7.5　风力发电中的力学问题

风力发电是利用风力带动风机叶片旋转,再透过增速机将旋转的速度提升,来促使发电机发电(见图 7 - 4).依据目前的风机技术,大约是 3 m/s 的风速(微风的程度),便可以开始发电.风力发电正在世界上形成一股热潮,因为风力发电没有燃料问题,也不会产生辐射或空气污染.风力发电在芬兰、丹麦等国家很流行,我国目前也在大力提倡.小型风力发电系统效率很高,但它不是只由一个发电机头组成的,而是一个有一定科技含量的小系统:风力发电机＋充电器＋数字逆变器.小型风力发电机由叶片、尾翼、转体、机头组成.每一部分都很重要,各部分功能为:叶片用来接受风力并通过机头转为电能;尾翼使叶片始终对着来风的方向从而获得最大的风能;转体能使机头灵活地转动以实现尾翼调整方向的功能;机头的转子是永磁体,定子绕组切割磁力线产生电能.风力发电机因风量不稳定,故其输出的是 13～25 V 变化的交流电,须经充电器整流,再对蓄电瓶充电,使风力发电机产生的电能变成化学能.然后用有保护电路的逆变电源,把电瓶里的化学能转变成交流 220 V 市电,才能保证稳定使用.

我国可开发利用的风能资源有 10 亿千瓦.其中陆地 2.5 亿千瓦,现在仅开发了不到 0.2％;近海地区有 7.5 亿千瓦,风能资源十分丰富.风能资源丰富的地区主要分布在"三北"(东北、西北、华北)地区及东南沿海地区."三北"地区可开发利用的风力资源有 2 亿千瓦,占全国陆地可开发利用风能的 79％.根据风力发电中长期发展规划,到 2005 年全国风电总装机容量为 100 万千瓦,2010 年为 400 万千瓦,2015 年为 1 000 万千瓦,2020 年为 2 000 万千瓦.2020 年以后石化燃料资源减少,火电成本增加,风电具备市场竞争能力,将发展更快.2030 年后水能资源基本开发完毕,海上风电将进入大规模开发期.

叶片是风力发电机的关键部件之一,涉及空气动力学、复合材料结构、工艺等领域.在兆瓦级风电机组中,叶片更是技术关键.如 1.5 MW 主力机型风力机叶片长为 34～37 m,每片重 6 t,设计制造难度很高.叶片的气动理论是在机翼气动理论基础上发展而来.对于大型叶片,刚度成为主要问题.为了保证在极端风载下叶尖不碰塔架,叶片必须具有足够的刚度.要减轻叶片的重量,又要满足强度与刚度要求,有效的办法是采用碳纤维增强.碳纤维复合材料的弹性模量是玻璃纤维材料的 2～3 倍.采用碳纤维增强做大型叶片可充分发挥其高弹轻质的优点.据分析,采用碳/玻混杂增强方案,叶片可减重 20％～30％.

图 7‐4   小型风力发电机结构和大型风力发电机

图书在版编目(CIP)数据

力学与人类生活/王盛章　丁光宏编著.—上海:复旦大学出版社,2012.4
(复旦光华青少年文库)
ISBN 978-7-309-08401-6

Ⅰ.力…　Ⅱ.①王…②丁…　Ⅲ.力学-普及读物　Ⅳ.03-49

中国版本图书馆 CIP 数据核字(2011)第 171267 号

力学与人类生活
王盛章　丁光宏　编著
责任编辑/范仁梅

复旦大学出版社有限公司出版发行
上海市国权路 579 号　邮编:200433
网址:fupnet@ fudanpress.com　http://www.fudanpress.com
门市零售:86-21-65642857　团体订购:86-21-65118853
外埠邮购:86-21-65109143
江苏省句容市排印厂

开本 787×960　1/16　印张 6.75　字数 115 千
2013 年 5 月第 1 版第 2 次印刷

ISBN 978-7-309-08401-6/O·478
定价:12.00 元